KB034287

내 아이가 책을
좋아할 수만 있다면

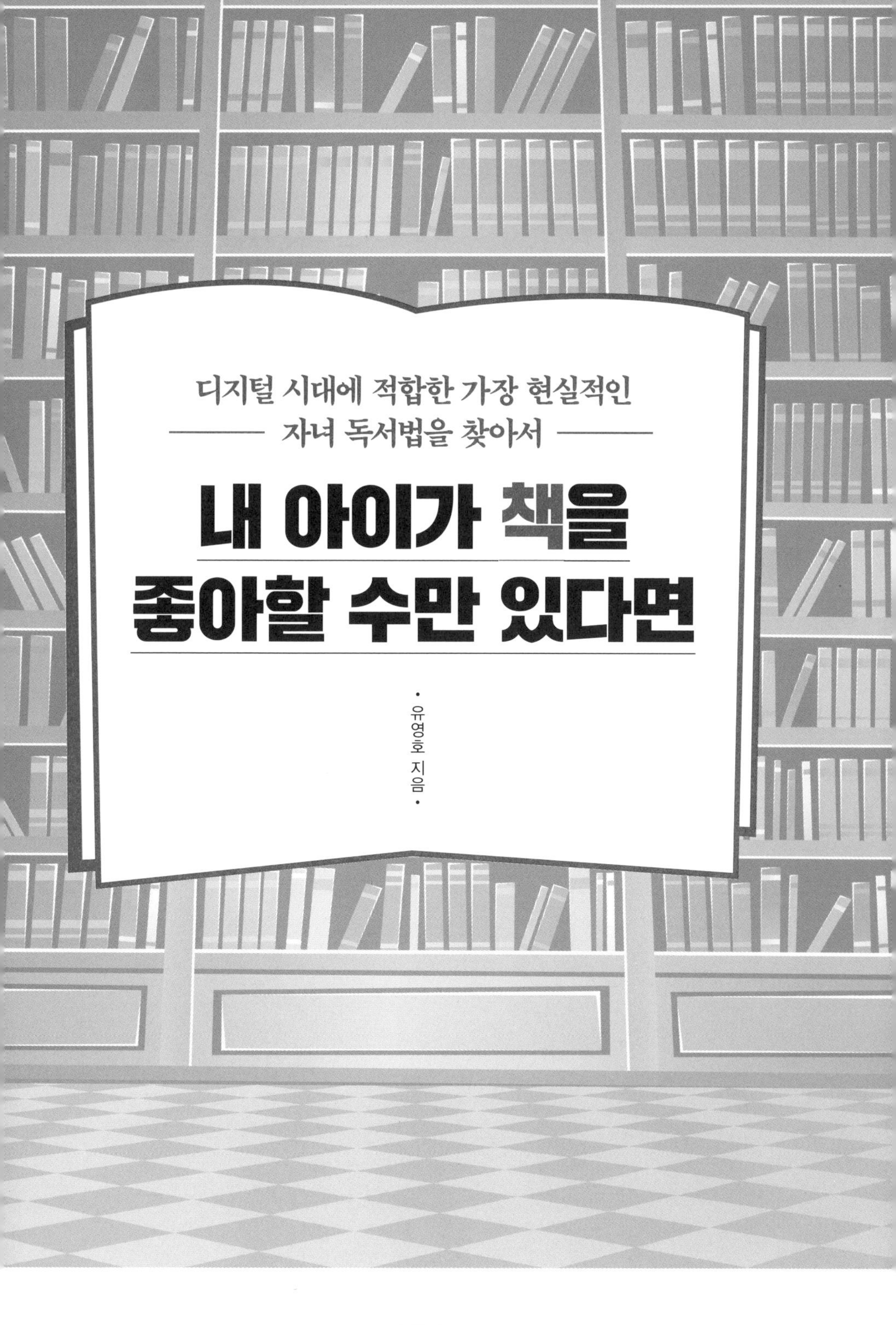

북포스

• 들어가며 •

자녀 독서가 실패하는 이유

아이들도 의문을 가질 수 있지 않을까?

1999년 독서 수업을 시작하며 처음 만난 아이들이 초등학교 2학년생이었습니다. 당시 유행하는 독서 지도는 한 달에 한두 권 책을 읽고 토론하는 게 대부분이었는데 제 수업을 신청한 부모님들은 '최대한 많이 읽게 해 달라.'고 요청했습니다. 저는 다독을 원칙으로 세우며 한 가지를 더 추가했습니다. 반복해서 읽기였습니다.

목표는 한 달에 8권이었습니다. 아이들은 일주일에 2권을 평균 세 차례 반복해서 읽었습니다. 요령은 허락되지 않았습니다. 한 번은 집에서 읽고 두 번은 학교에서 쉬는 시간에 틈틈이 읽었다는 아이를 저는 '그래선 안 된다.'고 타일렀죠. 물론 세 번 읽은 건 사실이지만 집중적으로 읽지 않으면 한 번 읽은 것과 별반 다르지 않기 때문입니다.

반복 독서를 시킨 이유는 책 한 권에 대한 장악력을 키우기 위해서였습니다. 짧은 글이라면 낱말 풀이나 문단 요약, 주제 파악이나 근거 찾기 등 분석적 방법으로 접근할 수 있지만 두께가 있는 한 권 독서는 지도법을 바꿔야 했습니다. 교육 이론서나 독서 지도 관련 서적을 뒤적이며 방법을 찾아보았으나 별 도움이 못 되었죠. 제가 할 수 있는 일은 아이들을 선입견 없이 관찰하는 일이었습니다. 아이들이 어떻게 한 권의 책을 읽고 어떻게 사고하는지 아는 것이 먼저였습니다.

속으로는 당시 각광받고 있던 '자기주도 학습'을 염두에 두고 있었습니다. 이 학습법에는 한 가지 금기사항이 있었는데 교사가 학습 주체가 되어서는 안 된다는 사실입니다. 미리 학습 목표를 정하거나 주제를 설명하는 것은 학습 주도권을 교사가 독점하는 것으로, 뒤에 계속 설명하겠지만, 옳지 않다는 것이죠. 저 역시 교사 주도의 학습이 틀릴 수 있다는 점을 의식하면서 새로운 지도방법을 찾기 시작했습니다.

마침 저는 대학원 수업을 듣고 있었습니다. 한 수업에서 책 한 권을 읽고 질문 3개를 만들고 예상 답변을 백지 한 장에 적어 제출하는 것이 매주 과제였습니다. 과제를 위해 책을 미리 읽고 질문을 5개 이상 뽑은 다음, 답이 그럴듯한 질문 3개를 골라서 제출합니다. 교수님은 학생들 질문 중 몇 개를 골라 학생끼리 토론을 시켰습니다. 당신은 그저 지켜보고 계시다가 강의 끝 무렵에 우리가 놓쳤던 내용을 한두 마디 언급하며 시선을 넓힐 수 있도록 돕는 방식이었지요.

대학원생만큼은 아니더라도 초등학생들도 의문을 가질 수 있지 않을까 생각했습니다. 마침 5단계 독서법인 SQ3R 방법에도 '의문(질문)'이 포함되어 있으니까 한번 시도해보았습니다[SQ3R : 훑어보기(Survey), 질문하기(Question), 자세히 읽기(Read), 되새기기(Recite), 다시 보기(Review)의 5단계 독서법].

의문을 품어보라고 주문했더니 아이들의 수업 태도가 달라집니다. 미리 준비해오는 아이는 드물었지만 상관없습니다. 교사가 주제를 미리 정하지 않고 아이들에게 주도권을 넘겨주기만 해도 수업 분위기는 얼음 깨고 얼굴 내민 봄날의 햇살 같았죠.

물론 교사가 한마디도 힌트를 던져주지 않으니까 엉뚱한 독해가 난무합니다. 당혹스러운 순간들이 참 많았습니다. 설명을 해주고 싶은 유혹도 견디기 쉽지 않았습니다. 그러나 참았습니다. '자기주도 독서'를 포기할 생각이 없었습니다. 주입식 교육으로 돌아가고 싶지 않았습니다. 주입식 교육은 지식의 양을 빠르게 늘리는 데는 도움이 되지만 아이가 타고난 본래의 지적 능력 개발에는 무관심하며, 특히 흥미를 잃게 만들죠.

일단 독해는 뒤로 미루고, 의문을 만드는 사고력에 중심을 두었습니다. 초기엔 책을 읽기 전에 5~10줄 정도의 소개 글을 읽히고 의문을 갖도록 도왔습니다. 그러다 차차 익숙해지면서 책 한 권에서 의문을 찾도록 했고, 그런 의문을 중심으로 수업을 진행했습니다. 물론 제대로 하기까지는 3년 이상의 시간이 필요했습니다만.

사고력이나 독해력, 기억력 등 '독서능력'에 초점을 두고 독서를 지도하는 방법은 당시 한국 사회에서는 새로운 시도였습니다. 수업이 지향하는 점은 확고했습니다. 상식처럼 통용되는 개별 지식의 습득이나 어른들이 옳다고 믿는 특정 가치의 전달이 아닌, 아이가 성장하며 스스로 지식 체계를 세우도록 돕는 게 목표였습니다. 책이란 발길에 차이는 조각 지식을 모아두는 잡학사전이 아닙니다. 저자가 자신의 고유한 생각 틀에 따라 독자적으로 풀어낸 '개성 어린 하나의 세계'입니다. 모든 지식은 그 지식이 놓여 있는 바탕이 더 중요합니다. 이 전체성은, 물론 요약이 가능하지만 그건 타인의 요약이 아니라 자신의 요약일 때만 의미가 있습니다. 그래서 한 권을 끝까지 읽으며 장악력을 키워가는 독서가 중요했습니다. 전체를 더듬어 기억할 수 있는 능력, 전체 안에서 부분을 이해하는 능력, 전체에서 무게중심이 되는 주제를 발견하고 그 주제를 떠받치는 구조와 요소를 의심하는 능력, 다시 말해 기억력, 독해력, 사고력을 한 권 독서의 최우선으로 꼽은 것이죠. 간단히 몇 문장으로 요약된 걸 외우면 그만이지 굳이 책 전체를 다 읽어야 하느냐고 질문을 던지는 아이는 그때도 있었고 지금도 있습니다. 아직 아이로서는 왜 한 권 독서가 중요한지, 왜 책 전체에 대한 장악력이 필요한지 이해하기 곤란할 수 있습니다만, 부모님이라면 이게 왜 중요한지 아시리라 생각합니다.

새로운 지도법은 반응이 좋았습니다. 2002년부터 교원에서 발행하는 〈플러스맘〉이란 잡지에 독서법을 기고하고, 그해 말부터 〈읽기 능력 향상이 시급하다〉란 제목으로 대중 강연에 나섰습니다. 2004년 한겨레교육문화센터에서 〈스키마독서지도 방법론〉이란 이름으로 강좌를 개설하고, 2006년에 〈논술 잡는 스키마〉(북포스)를 출판했습니다.

그러나 아직 우리 사회는 '독서능력에 초점을 둔 한 권 독서법'의 진짜 가치를 받아들일 준비가 되어 있지 않았던 것 같습니다. 그러다가 시대의 변화와 함께 독서능력에 대한 인식이 달라집니다.

어떻게 책을 읽어야 학교 공부가 수월할까?

한겨레교육문화센터에서 고정 강좌를 진행하면서 학교나 도서관에서 강의 요청이 쏟아졌습니다. 파주시립중앙도서관, 박학천논술교실, 개포도서관, 평촌고등학교, 충남교원연구원, 구로시민센터, 평촌어린이전문서점, 도봉시민사회복지네트워크, 정평초등학교 등 부르는 곳이 있으면 마다하지 않고 부지런히 다녔습니다.

독서를 직접 지도해보고 싶다는 분들을 대상으로 기본 과정(10회), 심화 과정(20회) 모임을 운영하고 후속 모임을 거쳐 연구원으로 임명하고 수업사례를 같이 연구했습니다. 그러면서 격월간 잡지 〈공동선〉에 그간의 활동을 정리할 겸 '그림책 비평', '동화 비평', '독해력', '기억력', '사고력' 등의 주제로 글을 썼습니다.

그러다 독서법에 대한 니즈가 달라졌음을 감지합니다. 어느 순간부터 세상은 이렇게 묻고 있었습니다.

'책을 잘 읽으면 성적이 오를까요? 아이에게 어떻게 책을 읽혀야 학교 공부가 수월할까요?'

제가 이런 질문을 접한 것은 학부모들을 대상으로 한 강의 시간 때였습니다. 만일 아이들이 책 한 권 전체를 기억하고 스스로 의문을 갖는 방식으로 독서를 한다면 대입뿐 아니라 대학생활, 나아가 사회생활에서 큰 도움을 받을 수 있다고 강조하면, 학부모들의 질문이 이어집니다. '그렇게 책을 읽으면 성적에 어떻게 도움이 되나요?' 책이 성적 향상에 어떻게 직접적으로 도움이 된다는 것인지 납득시켜 달라는 뜻이었습니다. 거의 모든 강의에서 그런 질문을 들었죠.

독서 강의의 무게 중심이 자연스럽게 '독서'에서 '공부'로 옮겨갔습니다. 공부에 도움이 되지 않는 독서라면 지금 시킬 여유가 없다는 부모들이 많았습니다. 그래서 '학습능력과 독서능력의 유사성'을 설명하는 시간을 따로 갖고 학습능력을 높이려면 어떻게 책을 읽어야 하는지 설득하는 형태로 강의를 바꾸어야 했죠. 그때부터 독서능력과 성적의 상관관계에 관심을 기울이며 아이들을 지도했고, 학부모와 상담할 때 공부 전략이 어떠한지 물었습니다.

사실, 대한민국 학부모 가운데 세상에 하나뿐인 내 자녀에게 딱 부합하는 공부 전략을 갖고 있는 분이 얼마나 되겠습니까? 대개는 학원 강사가 요구하는 방식, 옆집 아이가 하는 방식을 서로 모방하는 게 대부분입니다. 실제로 생각보다 많은 아이가, 심지어 기억력이나 사고력이 높은 아이들까지 '최대한 많이' 공부 전략을 사용하고 있었습니다. 아이의 자투리 시간까지 긁어모아 공부를 시키고, 최대한 빨리 진도를 뽑을 수 있도록 학원에 보냈습니다. 아이들은 또 미리 배우는 방식으로 공부하고 있었습니다. 초등학교에서만 효과를 보고 중학교부터 점차 효과가 떨어지는 '선행 학습'이 대부분이었죠.

'최대한 많이 + 선행 학습' 전략은 심히 걱정스러웠습니다. 왜냐하면 이 두 가지 방법에는 아이의 학습능력을 성장시키는 과정이 빠져 있기 때문이죠. 당장 많이 아는 것, 학교 진도를 먼저 나가는 것보다 더 중요한 건 잠재된 학습능력의 문을 열어주는 것이었습니다. 그래서 부모님을 앉혀두고 장기적 관점에서 왜 학습능력이 중요한지 설명해 드리고 장악력을 높이는 한 권 독서가 왜 학습능력을 키우는 데 효과적인지 이야기했습니다.

이후 실전 수업을 통해 결과물을 만들어갔고, 이를 바탕으로 2014년 〈우리 아이, 12년 공부 계획〉(서해문집)을 출판했습니다. 시기별 공부 계획이 너무 포괄적인 듯해서 '과목 유형별', '성적 유형별'로 어떻게 공부해야 하는지 정리해서 한 권을 펴냈죠. 책 출간 후 강의 요청이 이어졌습니다. MBC 〈이재용이 만난 사람〉에도 한 차례 출연했습니다.

강의에서는 학습능력을 키우려면 책을 많이 읽혀야 한다고 강조했는데 돌아보면 일부 학부모만 받아들인 듯합니다. 사교육을 줄이고, 특히 결과 위주의 공부법을 잠시 보류하고 책을 충분히 읽힌 부모들의 숫자가 기대만큼 많지 않았습니다. '선행 학습'이나 '시간 최대' 전략은 저 같은 사람이 비판한다고 흔들릴 것이 아니었기에 그랬나 봅니다.

책과 멀어진 시대, 어떻게 읽혀야 하는가?

그래도 그땐 책을 읽었습니다. 지금은 어떤가요? 컴퓨터 게임은 초등 저학년까지 내려와 기세를 떨치고 있고, 학교에서는 영상매체 수업이 보편화되어 있습니다. 초등학교 1~2학년도 스마트폰을 갖고 다니는 시절입니다. 책이 도무지 끼어들 틈이 없죠. 초등학교 2학년 아이가 그림책을 3권 빌려 가서 한 권도 읽지 않고 왔는데, 아이가 더 당당합니다. 자기가 얼마나 바쁜지 아느냐고. 읽었다는 아이도 문제입니다. 기억을 제대로 못 합니다. 올백을 받았다며 씩씩하게 자랑하는 초등 4학년 아이에게 100쪽짜리 동화책의 줄거리 발표를 시키니까 꿀 먹은 벙어리가 됩니다. 아니, 한마디는 하더군요. '하나도 기억나지 않아요.'

아이들이 스마트폰에 정신이 팔리자 다시 부모님들의 시름이 깊어집니다. '책 읽기가 과연 성적 향상에 도움이 될까?' 하고 고개를 갸웃하던 부모님들이 '그래도 책을 읽혀야 할 텐데.' 하고 한 걸음 후퇴합니다.

아이들은 좀처럼 집중해서 책을 읽지 못합니다. 하긴 어른들도 집중하지 못한다고 염려하는 사람들이 많아졌습니다. 그럼 어떻게 할까요? 이 무렵부터 우리는 '읽어주기'를 강조하고, 어떻게 읽어주면 좋은지 설명하고,우리가 읽는 것처럼 빠르게 읽고 녹음해서 자녀에게 다시 들려주라고 권했습니다. 중학생이라도 책 읽기에 서툰 아이들에게는 부모가 미리 녹음한 내용을 빨리 들으면서 책을 따라 읽도록 했습니다. 일단은 책이라는 매체에 친숙해지기 위한 궁여지책이었습니다만, 성과는 기대 이상이었습니다.

2015년부터는 '몰입독서'를 위해 공동체 독서를 시작했습니다. 우리가 운영하는 독서 수업에 들어오는 아이들도 책을 읽지 않습니다. 이젠 책 읽기를 가정에만 맡겨서는 안 되겠다는 위기감이 들었습니다. 시간을 정해서 같이 책을 읽어보기로 했지요.

물론 모여서 읽는 것이기 때문에 '공동체 독서'처럼 보이지만 우리가 추구하는 것은 '책을 좋아하는 아이들이 각자 집에서 읽는 방식(자발적 독서)'입니다. 긴 시간 동안 방해받지 않고 책을 읽는 게 핵심이죠. 이때 '방해받지 않는다'는 말은 우선 스마트폰이나 TV, 친구들과의 장난으로부터 자유롭다는 뜻이고, 나아가 누군가의 평가도 없다는 뜻입니다. 사실은 평가로부터 자유로운 독서가 훨씬 더 중요합니다. 아이와 책 사이에 어른들이 개입할 여지를 없애는 것이 자발적 독서로 나아가는 기본 조건이기 때문입니다. 다만 게임과 스마트폰 때문에 자기 방에서 혼자 책 읽기에 집중하는 것이 어려운 아이들을 위해 친구, 선후배가 같은 공간에 모여서 일정 시간 동안 책에 몰입하는 '공동체 독서' 형태를 차용한 것뿐입니다. 그렇게 해서 방학 때 5일 연속 하루 6시간씩 책을 몰입해서 읽혔더니 부모나 아이들 모두 대체로 만족해했습니다. 그리고 이게 진짜 중요한데, 아이들이 성취감을 느낍니다.

'몰입독서'는 학교 독서보다 가정 독서에 가깝습니다. 평가하지 않고, 또 결과물도 요구하지 않습니다. 예전에 학교 독서가 효과가 있었던 이유는 가정 독서라는 충실한 바탕이 있었기 때문이라고 생각합니다. 그런데 가정에서 평가 중심의 학교 독서를 모방하면서 가정 독서의 전통이 맥이 끊겼습니다. 평가와 결과 중심의 학습에 길들여진 아이들은 책을 학원 공부처럼 대합니다. 누군가 나의 책 읽기를 평가한다고 생각하며 읽고, 결과만이 중요하다고 여기게 됩니다. 책은 사라지고, 어른들의 평가 방식에 대한 관심만 높아지죠. 점수 매기는 사람, 가르치는 사람이 어떤 잣대를 갖고 있는지 아이들은 귀신 같이 찾아내서 그에 맞춰 책을 읽어갑니다. 그 아이는 과연 자기 눈으로 책을 읽은 것일까요?

우리가 추구하는 것은 다시 가정 독서의 전통으로 회귀하는 것입니다. 아이가 책을 즐기고, 책을 온전히 자기 힘으로 흡수하고, 나아가 비판적 사고력을 키워간다면, 그렇다면 이 아이는 어떤 어른으로 자랄까요?

다시, 가정 독서의 장점을 살린다

집에서 책을 읽는다고 모두 가정 독서라고 생각하진 않습니다. 부모가 자기 아이들에게 책을 읽히면서 아이의 독해, 또는 독해력을 평가한다면 이 역시 가정 독서라고 보긴 어렵습니다. 그렇다면 아이에게 필독서 목록을 강제하는 것은 어떨까요? 판단하기 쉽지 않습니다.

또 부모들이 품앗이로 여러 자녀를 모아 토론을 시킨다고 하면 이를 독서 과외로 볼지, 가정 독서로 볼지도 애매합니다. '돈을 받는다, 안

받는다'는 너무 단순한 기준입니다. 그렇다면 학교 독서와 목표가 다르다면 가정 독서라고 말할 수 있을까요? 예컨대 교과서 지식과 직접 관련이 없는 배경지식 습득을 목표로 한다면 가정 독서가 될까요? 애매합니다.

이럴 때는 형식보다 본질에서 답을 찾아보는 게 나을 것 같습니다. 가정 독서는 학교 독서의 반대말이므로 우선 학교가 어떤 곳인지 객관적으로 바라볼 필요가 있습니다. 일부 다른 의견이 있을 것 같습니다만, 우리나라 학교는 경쟁을 위한 조직이라고 보는 게 가장 일반적인 사회학적 관점일 것 같습니다. 권위 있는 교사가 한 명 있고, 그 아래 같은 나이의, 그리고 비슷한 경제 수준의 아이들이 한 반을 이뤄 공식적인 서열 없이 경쟁을 펼치는 곳이 학교입니다. 조직이라는 차원에서 보면 군대와 비교할 수 있는데 오히려 그 군대보다도 나이나 생활 수준은 더 균질하고 경쟁은 더 치열합니다.

이렇게 학교의 속성을 정의하고 보면 우리는 학교라는 곳이 '경쟁, 평가, 순위, 성과' 등의 단어에서 자유롭지 못한 곳임을 이해하게 됩니다. 테스트 과정이 있고, 정답과 모범적 풀이과정이 있으며, 이를 통해 순위를 가리는 곳이 바로 학교입니다. 평가의 대상이 되는 학생들은, 따라서 정답을 쥐고 있는(권위 있는) 누군가의 잣대를 모방하고 외우려고 합니다. 테스트의 핵심이 되는 정답은 두 개여서는 안 되며, 문제의 풀이와 정답의 해석은 교사 집단이 권위를 독점하고 있습니다. 이런 분위기에서 비판적 시각을 갖는 것은 '비뚤어진 아이' 말고는 힘든 일

일지 모릅니다. 물론 학교는 교육 이념을 통해 아이들의 개성을 존중하고 활짝 피어날 수 있도록 지원한다고 합니다만 우리는 개성 존중이라는 피켓보다는 시험과 성적이라는 거역할 수 없는 힘을 학교의 진짜 얼굴로 인식하고 살아갑니다. 이런 무형의 질서가 존재하는 학교에서는 아이들이 자기 힘으로 생각하는 것을 꺼리게 되고, 그러다 보니 남과 다르게 보는 것을 불편하게 여깁니다(최소한 학교의 테스트 방식에서 그렇다는 말이죠.).

저는 바로 이런 학교 시스템이 '진짜 학습능력'을 키우지 못한다는 점에 주목합니다. 만일 학습능력을 향상시키려면 외우기만 하면 해결되는 정답을 버리고, 개별 학습자가 스스로 결론에 도달할 수 있는 수많은 가능성을 인정해주어야 합니다. 이런 생각으로 찾은 가장 바람직한 학습능력 개발 방법이, 역사적으로도 검증되었고 현대에도 지적 능력을 개발하려는 전 세계인들이 계속 매진하고 있는 가정 독서입니다(가정 독서라는 명칭에 이의가 있을지 모릅니다. 사실, 그걸 무엇이라고 부르든 관계는 없지만 저는 학교 독서에 매몰된 최근의 분위기를 쇄신하고 싶다는 마음에서 이렇게 이름을 붙였습니다.).

가정 독서를 통해 배양된 독서능력이란 결국 머리 쓰는 모든 일의 바탕이 되는 지적 성장을 의미합니다. 얼마든지 다른 분야에서 다양한 형태로 발현될 수 있습니다. 학교에서 꺼내 쓰면 학습능력이 되고, 사회생활에서 꺼내 쓰면 현상의 이면, 또는 그 너머를 읽어내는 능력으로 나타납니다. 우리는 좋든 싫든 정보 혹은 지식을 수용하고, 해석하고, 가공해야 생존할 수 있는 시대를 살아갑니다. 그러나 그와 동시에 이 '수용, 해석, 가공'에 필요한 근원적 능력 개발에는 등한시하는 것도 사실입니다. 누군가는 우리가 그저 타인이 제공하는 지적 생산물의 소비자로 살아가게끔 유도하고 있습니다만 그건 세상에서 지는 게임을 하는 것이죠. 지지 않으려면, 다시 불편하고 힘들지만 정석을 밟아야 합니다. 그 정석을 여기서는 '가정 독서'라고 부르려고 합니다.

저는 지금 학술적으로 가장 이상적인 가정 독서의 모습을 찾아내려는 게 아닙니다. 그건 제 역량을 넘어선 것입니다. 그보다는 우리 아이들이 처해 있는 시공간적 맥락(예컨대 평가 중심의 사회에서 정답을 찾아가는 식으로 공부해 왔으며, 학원과 과제물에 치여 책 한 권 읽을 시간이 없는 그런 시공간적 맥락)에 비춰 '지금 여기에서' 최대한 사실적인 가정 독서를 만드는 것이 필요하다고 봅니다.

그동안 우리가 실패했던 이유

가정 독서로 돌아가기 위해서는 그간 우리가 가정에서 행했던 자녀 독서법을 점검할 필요가 있습니다. 지금도 많은 가정에서는 아이에게 책을 읽히려고 할 때 학교의 방식을 기준으로 삼습니다. 부모가 나서서 학교의 독서 방식을 내 아이에게 적용하려고 하죠. 그게 실패의 원인이었는데 말이죠.

학교 방식을 모방하려고 할 때 가장 먼저 부딪치는 게 독서 형식과 관련된 것이죠. 학교의 독서는 이미 세세한 형식들이 정해져 있습니다. 언제, 어디서, 누구와 함께 읽을 것인지 고민할 필요가 없습니다. 아침 시간이나 별도로 정해진 시간에 자기 책상이나 도서관에 앉아 또래들과 함께 책을 읽습니다. '15분 아침독서'나 '학부모 책 읽어주기' 방법이 일단 결정되면 적어도 한 학기는 변함없이 진행합니다. 도서관 활용 수업도 아이들은 큰 저항 없이 따라옵니다.

그렇지만 집에서는 아무것도 정해진 게 없습니다. 예를 들어 자기 전에 책을 읽어주는데 아이가 금세 잠들어버린다면 깨워야 할지 헷갈립니다(자장가 대신 읽어주는 책이 아니었는데 말이죠.). 반대로 충분히 읽어주었다고 생각했는데 아이가 여전히 말똥말똥한 눈으로 이야기에 흠뻑 빠져 있다면 어떻게 해야 할까요?

또 있습니다. 아이가 숙제는 미뤄 두고 책부터 펼쳐든다면 어떻게 해야 할까요? 허용해야 할까요? 아니면 숙제부터 시켜야 할까요? 혹시 숙제부터 하고 읽으라고 했다가 책과 멀어지면 어쩌죠? 아직 잘 시간이 아닌데도 침대에 누워 책을 읽으면 어떻게 하실 건가요? 자기 방에서 읽게 하면 열심히 읽는지 믿기 어렵고, 거실에서 읽게 하면 텔레비전이 거슬립니다. 아이가 혼자 읽도록 놔둘 것인지 부모가 옆에서 같이 읽을지, 또는 다른 장소에서 책을 읽히는 게 좋은지 잘 모르겠습니다.

학교에서는 정해진 시간, 정해진 장소가 있기 때문에 이런 걱정이 전혀 필요가 없죠. 반면 학부모는 고민스럽습니다. 여기저기 찾아다니며 독서 강의를 듣고 독서 관련 책을 읽으며 일상에서 부딪치는 문제를 풀어보려고 합니다. 그런데 어떤가요? 답을 찾으셨나요? 제가 알기로는 이런 현실적인 고민에 대한 속 시원한 답변은 없는 것 같습니다. 저 역시 다른 곳에서는 못 찾았으니까요. 강의나 책은 보통 현실적으로 부딪치는 이런 고민보다는 독서 기술적인 내용, 예를 들어 무슨 책을 어떻게, 그리고 왜 읽히는가에 관해 얘기합니다. 그리고 물론, 그들의 이런 설명도 대개는 학교 독서가 기준이 되죠.

학교 독서를 가정에서 실행하기 힘든 두 번째 이유가 있습니다. '목표'와 관련된 문제입니다. 학교 독서는 목표가 분명합니다. 학교 공부를 따라가는 데 필요한 배경지식을 쌓는 것이 목표입니다. 일부 정서 함양을 위해 읽히는 책도 있지만 이때도 학교에서 가르치는 가치와 어긋나지 않도록 범위를 국한시킵니다.

반면 가정에서는 고민의 연속입니다. 학교 공부에 도움이 되는 책이라면 집에서도 읽히면 좋을 것 같습니다. 그런데 그건 단순한 생각이고, 실제로 실행해 보면 문제에 부딪치게 되죠. 일단 학교의 추천도서가 우리 아이의 수준에 비해 높지 않은지 고려해야 합니다(학교는 개별 아이들의 수준 차이를 고려하지 않습니다. '평균적인 학생 모델'을 상정해 놓고 그 아이가 달성해야 할 '목표'로서 '배경지식 쌓기'를 시키는 것이죠.). 수준을 고민하는 건 어쩌면 나은 고민일지 모릅니다. 어떤 학부모는 우리 아이가 책에 관심조차 없다는 사실 때문에 아무것도 못하고 있습니다. 학교 숙제처럼 억지로 읽혀 보려고 하지만 이 때문에 한쪽은 고함을 지르고 한쪽은 울고불고 하며 도리어 부모 자식 간에, 나아가 부부 간에 먹구름이 낍니다(뜻하지 않은 새로운 문제의 발생이죠.).

'배경지식 쌓기', 참 학교다운 목표입니다. 그러나 우리 아이 수준을 전혀 고려치 않고 일방적으로 '너는 이 책을 읽고 배경지식 쌓아야 해.' 한다고 모든 아이가 다 척척 실행할 수 있을까요? 가정이 학교처럼 목표를 잡을 때 생기는 문제에 대해서 우리는 별로 생각이 없었던 게 사실입니다.

사실 부모님들의 관심사는 '성과'를 운운하는 단계 이전일 가능성이 큽니다. 아이가 책을 읽었다는데 도무지 이해하지 못하는 눈치입니다. 이럴 때 부모님은 '너는 이 정도 수준이구나.' 하고 학교처럼 넘어가지 않습니다. '왜 이해를 못하지?' 하고 고민이 시작됩니다. 물론 고민한다고 답이 뚝딱 나오는 것도 아니죠. 과연 이게 아이의 독서능력 탓인지, 집중하지 않아서 그런지, 관심이 없어서 그런지, 아니면 저항하느라 그런지 판단하기 어렵습니다. 원인도 제대로 분석하지 못하니까 대안도 불투명합니다. 설명하고 가르칠 것인지, 반복해서 읽게 할 것인지, 혹은 수준에 맞는 책으로 갈아탈 것인지, 아니면 사교육이라도 시켜야 하는지 갈피를 못 잡습니다. 답은 없는데 고민만 걷잡을 수 없이 커집니다. 학교 독서가 지향하는 목표는커녕 자녀 성장이라는 난제만 무겁게 남습니다. 도대체 자녀 독서를 어떻게 이끌어야 학습능력을 포함한 지적 능력의 성장에 도움이 될까요?

사실 이 문제는 독서 목표에 국한되는 이야기가 아닙니다. 우리나라 학교의 전반적인 관심사가 아이들의 성장보다는 결과물에 있기 때문이죠.

핀란드 학교에서는 우리나라 학교에서 찾아보기 힘든 교육 과정이 있습니다. 집중력을 기르고, 수면을 가르치는 시간입니다. 대한민국에서 초중등 교육을 받아보신 분이라면 '이게 과연 수업이야?' 하고 의아하실 수 있습니다. 그런데 아이의 성장을 생각하는 교육이라면 어쩌면 절실히 필요한 교육일지도 모릅니다. 반면 우리나라는 어떤가요? 아이가 산만하게 굴면 학부모에게 연락하여 병원에서 진단을 받아보라고 권합니다. 부모는 교사의 의견에 따라 아이를 데리고 병원을 다니죠. 우리 아이가 ADHD(주의력 결핍 과잉행동 장애)인 것 같다면서 말이죠. 의사들은 교사가 ADHD 진단을 내리고 있다고 어이없어 합니다만.

우리나라 학교는 학교 밖에서 모든 걸 준비시켜서 학교에 보낼 것을 요구합니다. 아이는 학교에 오기 전에 최소 수준의 학습능력을 갖춰야 하고 수업을 따라올 준비가 되어 있어야 합니다. 우리나라 학교는 한 인간의 자립에는 무관심하고, 여러 아이를 경쟁시키고, 선발하는 데만 관심을 둡니다. 경쟁의 결과, 누군가가 도태되었지만 그건 학교가 책임지지 않죠. 우리나라에 공교육이 들어선 이래 개인의 성장은 학교가 아니라 각 가정의 몫이었습니다.

그런 학교에서 시키는 독서를 우리 가정에서도 시킵니다. 과연 그 독서는 아이의 성장을 위한 것이라고 말할 수 있을까요? 저는 왜 우리 가정에서 학교 독서를 모방하는지 도무지 이해할 수 없습니다. 만일 학교 방식대로 독서를 시켰는데 아이가 성과를 거두지 못하면 학교처럼 아이들을 버릴 건가요?

학교 독서가 가정에서 실패하는 마지막 이유가 있습니다. 학교는 시험과 경쟁이라는 통제 수단이 강력하여서 아이들은 학교에서 권하는 책을 거부할 수 없습니다. 일부 아이들이 저항하기는 해도 다수의 아이가 교사의 설명과 지침을 받아들입니다. 교사들은 자신의 가르침을 잘 따라오는 아이들을 우수하다고 평가하게 되고, 아이는 이를 자신감의 원천으로 삼게 되죠. 그런데 이런 환경에서는, 책보다는 책을 읽힌 사람의 평가와 가치가 더 중요해지고, 그래서 아이들은 책의 주제보다 평가자의 기준을 파악하는 데 더 많은 주의를 기울이죠. 교실에서 생존하기를 희망하는 아이들은 교사가 원하는 답변이 무엇인지 눈치 채려고 애를 씁니다.

반면 가정에서는 학교만큼의 강력한 통제 수단이 있나요? 아이는 학교처럼 가정에서 생존에 대한 필요성을 느끼지 못합니다. 그러다 보니 학교 독서가 가정에서 진행될 때 저항하곤 하죠. 아이는 더 이상 학교 방식대로 책을 읽고 싶지 않습니다. 그래서 책이 재미가 없다거나 머리가 아프다는 등 아이가 댈 수 있는 갖가지 이유를 들어 읽기를 거부하거나 혹은 대충 읽고 말죠.

학교와 같은 강제력을 갖지 못한 부모님들은 이제 어떻게 합니까? 협상을 합니다. 책을 읽으면 게임 시간이나 스마트폰 사용 시간을 늘려주는 방향으로 타협안이 만들어지죠. 길게 보면 별 효과가 없는 그런 방법으로 말이죠. 그러나 달리 방법이 없기 때문에 지금도 어린 자녀를 둔 대한민국 가정에서는 책을 둘러싼 힘겨루기가 벌어지고 있습니다.

학교 독서는 이 세 가지 이유로, 가정에 적용시키기 어렵고 실제로 숱한 실패를 낳고 있습니다. 그렇다면 우리는 자녀 독서를 어떻게 시켜야 성공할 수 있는 걸까요? 그럴싸한 독서법이 아니라 현실적이고, 실천적인 독서법을 통해 자녀에게 책의 맛을 알도록 이끌려면 어떻게 해야 할까요?

성공적인 가정 독서에 대한 답을 찾기 전에 우리는 몇 가지 전제를 바탕에 단단히 깔아두어야 합니다.

하나, 가정은 학교와 같은 강제력이 없다는 것을 받아들일 것.

둘, 아주 특수한 경우를 제외하고는 아이들에게 독서능력이 없다는 사실을 인정할 것.

셋, 가정 독서는 성과가 아니라 성장에 초점을 맞출 것.

넷, 부모님들이 현실에서 부딪치는 문제를 해결할 수 있는 가장 현실적인 방안을 찾을 것.

특히 넷째 '현실적인 방안'과 관련해서 한 가지 덧붙이고 싶은 게 있습니다. 현실적인 방안이란 '듣기 좋은 방법'을 의미하지 않습니다. 누군가의 감동 어린 경험담을 듣고 난 뒤에 나도 따라서 해보려고 시도

했으나 실패한 경험이 너무 많습니다. 감동은 동인은 되지만 실천은 다른 문제입니다. 우리는 듣기 좋은 방법이 아니라 실천 가능한 방법, 가정 독서를 시키는 모든 순간에 부딪치는 문제를 뚫고 결국에는 성공에 이르는 방법에 대해서 이야기하려고 합니다. 그런 점에서 이 책은 정공법을 택했다는 말씀을 드리며 본론으로 들어갈까 합니다.

• 목차 •

1부

책 읽기를 싫어하는 시대에 필요한 새로운 독서법

: 읽어주기와 소설 읽기 :

1장 | 책을 즐겨 읽은 아이들도 왜 독서능력이 높지 않을까?

2장 | 독서 집중력을 높이는 첫 번째 방법, 읽어주기

_ 빠르게 읽어주고 녹음해서 다시 들려준다

3장 | 독서 집중력을 높이는 두 번째 방법, 동화와 소설 읽기

_ 긴 시간 몰입해서 좋은 소설을 읽는다

질문 있습니다! | 부모님들이 가장 궁금해하는 가정 독서 4대 난제

2부

책에 푹 빠지는 특별한 30시간

: 함께 모여서 짧고 굵게 읽는다 :

1장 | 몰입독서 : 모여서 함께 읽기

2장 | 몰입독서 교재 선택, 어떻게 할까?

3부

학습능력을 극대화하는 장기 독서 플랜

: 성장 단계별 맞춤 독서 :

1장 | 집중력을 익힐 나이 – 유치부에서 초등 1학년까지

2장 | 기억력을 배울 나이 – 초등 저학년(2~3학년)

3장 | 사고력을 기를 나이 – 초등 고학년(4~5학년)

4장 | 독해력을 갖출 나이 _ 초등 6학년~중등 2학년

5장 | 책 없이는 표현력도 없다 _ 중등 3학년 이상

책 읽기를 싫어하는 시대에 필요한 새로운 독서법

: 읽어주기와 소설 읽기 :

요즘 아이들은 독서능력이 크게 떨어져 있습니다. 부모들은 잘 인정하려고 하지 않지만요. 강의에서는 학교 수업을 증거로 제시하여 설명합니다. 수업 내용을 이해하지 못하는 아이들이 늘었다고 말이죠.

그런데 부모들은 다른 생각을 갖고 있는 것 같습니다.

"선행학습을 한 아이들이 많잖아요? 교사는 충분히 설명하지 않고. 그래서 그런 거 아닌가요?"

아마도 그래서 너도 나도 선행학습을 위해 학원에 보내는 것이겠죠. 뭔가 참 모순적입니다.

심지어 아이들도 비슷한 이야기를 하더군요. 그 아이에게 '근거'를 요청했더니(제 독서 수업에서 '근거'는 매우 중요한 단어입니다. '근거' 없는 모든 주장은 추론에 불과하므로 주어진 재료, 즉 책에서 최대한 '근거'를 찾으라고 요구하죠.) 한 중학생이 이야기합니다.

"'관성'을 공부하는 시간인데 선생님이 제주도 여행 다녀온 얘기만 하셨어요."

그래도 이 학생은 그날의 수업 주제가 '관성'인 것은 기억하고 있으니 다행일까요? 수업을 포함한 거의 대부분의 강의는, 서두에 주제를 밝히고 개념을 정의한 다음, 예시를 들고 다른 내용과 연결하면서 마지막에 재미있는 내용으로 마무리하는 프로세스를 거칩니다. 만일 아이가 한 권 독서법을 습득했다면 에피소드를 시작으로 전체 내용을 기억할 수 있습니다. 만일 아이들이 전체를 통합하지 못하고 부분 정보만 기억했다면 교사는 잡다한 이야기를 나열한 셈이 되고, 만일 아이들이 기억력 부족으로 마지막에 들은 내용만 기억한다면 교사는 중요한 설명을 생략한 셈이 됩니다.

보통 아이들에게 30분 정도 동화를 들려주고 '지금까지 들은 내용을 기억해 보라.'고 하면 30%도 기억하지 못하는 아이들이 수두룩합니다. 하나의 흐름을 갖고 있어서 상대적으로 기억하기 쉬운 이야기 구조의 글도 하물며 그럴진대 설명문 형태에 준하는 수업이라면 이를 체계적으로 기억하는 아이들은 드물다고 보는 게 옳은 판단 같습니다.

말이 길어졌습니다만, 암튼 결론은 이것입니다.

"요즘 아이들은 대부분 기억도, 통합도 못 한다. 그러나 한 권 독서를 통한 기억력, 독해력, 사고력 중심의 독서능력을 키우면 단지 책만 잘 읽는 것이 아니라 수업도 잘 듣게 된다. 왜냐? 독서란 결국 타인이 하는 이야기를 '잘 듣는' 행위이기 때문!"

그렇다면 제가 계속 언급하고 있는 독서능력이란 도대체 무엇일까요?

/

1
장

/

책을 즐겨 읽은 아이들도 왜 독서능력이 높지 않을까?

독서능력에 대한 새로운 정의

독서능력이란 무엇일까요? 글자 그대로 책을 '제대로 읽는 데 필요한 능력'이겠지요. 이때 '제대로 읽는다'는 말은 무슨 뜻일까요? 지금까지 이 말에 대한 사회적 합의는 이루어진 적이 없습니다만 저는 기억, 사고, 독해로 나누어서 설명합니다. 책을 읽는 사람이라면 누구든지 기억하고, 생각하고, 이해하겠지요. 그런데 같은 책을 읽어도 기억·사고·독해가 사람마다 크게 차이가 나는 것을 보면 분명 독서에도 능력이란 게 존재한다고 볼 수 있습니다.

독서능력은 학습능력보다 상위의 개념입니다. 물론 독서능력이 뛰어나다고 학교 성적이 저절로 오르는 건 아닙니다. 시험공부는 별도로 해야 합니다. 다만 독서능력이 높으면 짧은 시간에 시험공부를 마칠 수 있습니다. 이기정 국어 교사는 언어영역 문제를 풀려면 독해능력과 문제 풀이 기술이 필요하다고 설명하면서 이렇게 지적합니다.

"1등급 받을 정도의 독해능력을 기르는 데는 9,900시간이 필요했다면 문제 풀이 능력을 기르는 데는 100시간 정도만으로 충분하다."(〈국어 공부 패러다임을 바꿔라〉, 사피엔스, 2010, 43쪽)

여기서 말하는 '독해능력'이란 여러 독서능력 가운데 하나로, 만일 아이가 '제대로 읽기'를 장착하고 있다면 이미 9,900시간의 공부는 마친 셈이고, 이제는 100시간만 투여하여 시험공부를 하면 된다는 설명입니다. 왜 아니겠습니까? 공부란 기본적으로 교과서나 참고서를 읽거나 교사의 설명을 듣고, 이를 기억하고 이해하고 생각하는 과정입니다. 독서과정과 별반 다르지 않죠.

그러면 반대도 가능해야 하지 않을까 의구심이 듭니다. 공부를 잘하면 독서능력도 높아야 하는 거 아닌가?

여기에는 우리가 놓치고 있는 중대한 사실이 있습니다. 요즘 아이들이 공부하는 모습을 지켜보셨나요? 아이들은 시험공부뿐 아니라 평소 공부까지도 주로 문제집으로 합니다. 학원은 아이들에게 많은 문제집을 풀도록 시킵니다. 지문 다 읽을 필요 없답니다. 기술적으로 접근해서 빠르게 정답을 골라냅니다. 물론 이것도 나름 능력이라면 능력입니다만, 타고난 머리 이상을 해낼 수 없다는 게 한계입니다.

이런 이유 때문에 성적은 중상위권인 아이들도 독서능력은 초중등

학교 수준에 머물러 있게 됩니다. 근본적인 지적 능력이 향상되지 않았다는 얘기입니다.

독서능력을 기억, 사고, 독해라는 세 가지 주제로 잘게 쪼개어 보면 이게 어떻게 학습능력과 연관되어 있는지 이해가 쉬울 것 같습니다.

먼저 기억력입니다.

기억력이란 흔히 '(누군가에게 듣거나 책을 통해 읽거나 직접 경험하면서) 알게 된 것을 일정 시간이 경과한 후에도 다시 떠올리는 힘'이라고 말합니다. 핵심만 간추리면 '알게 된 것을 기억하는 것'이죠. 그렇지만 제가 생각하는 기억력이란 모르는 것을 모르는 채로 기억할 수 있는 것을 의미합니다.

'기억력'에 대한 새로운 정의 : 모르는 것을 모르는 채로 기억할 수 있는 힘

이해하지 못한 내용까지 기억할 수 있어야 전체를 파악할 수 있는 가능성이 생깁니다. 전체를 모르면 부분에 집착하여 책을 포함한 타인이 하는 모든 말을 제멋대로 곡해하게 되죠. 모르는 걸 기억하는 게 가능하냐고 반문하는 분들도 있습니다만 아이들은 모르는 낱말을 포함해서 모르는 내용을 그대로 기억할 수 있습니다. 이해도 못 하면서 긴 이야기를 기억하는 것을 보면 놀라울 따름입니다. 앞으로 공부할 내용이 많고, 또 어려운 내용도 많은데 기억력 자체를 높이려는 노력에 힘을 쏟지 않는다면 학년이 올라가면서 더욱 힘이 들 것입니다.

둘째 사고력입니다.

사고력을 말하면 흔히 '모르는 것에 대해 의문을 품는 힘'을 떠올립니다. '저건 뭘까?' 하고 궁금증을 가지면서 사고가 시작된다고 생각합니다. 그런데 제가 생각하는 사고력이란 '내가 아는 것에도 의문을 갖는 힘'을 말합니다.

'사고력'에 대한 새로운 정의 : 내가 아는 것에 의문을 갖는 힘

예를 들어 사과가 떨어진다는 것은 과수원을 경작하는 농부도 알고 있고, 사과를 던지고 받으며 장난치는 아이들도 알고 있습니다. 이유도 잘 알고 있는 듯합니다. 농부는 '사과가 탐스럽게 익어서 떨어졌다.'고 말하고, 아이들은 '친구가 사과를 던졌는데 못 받아서 떨어뜨렸다.'고 말합니다. 각자의 맥락에서는 너무도 자명한 사실입니다. 그러나 이 자명한 사실에 의구심을 품는 것이 사고력입니다. 스스로 알고 있다고 믿는 '사과 낙하의 원인'으로부터 한 걸음 떨어져야 타인의 생각을 받아들일 준비가 되죠. 낙하의 원인을 새롭게 설명한 뉴턴의 생각이든 아인슈타인의 생각이든 말이죠.

마지막 독해력입니다.

독해력은 '모르는 것을 알아가는 힘'이라고 말합니다. 설명이나 해설, 직간접 경험이나 배경지식을 통해 또는 책 전체를 통해 모르는 것을 어느 순간 '깨달았다'고 느끼는 순간, '독해가 되었다'고 흔히 표현

하죠. 하지만 제가 생각하는 독해력은 '아는 것을 모르는 영역으로 옮기는 힘'입니다.

'독해력'에 대한 새로운 정의 : 아는 것을 모르는 영역으로 옮기는 힘

친구가 던진 사과를 놓쳤으니 떨어진다고 생각하는 아이는 뉴턴의 만유인력의 법칙을 이해하지 못합니다. 질량이 있는 물체끼리는 서로 끌어당긴다는 설명이 '떨어진다'는 일상적 표현에서 한참 벗어나 있기 때문에 받아들이기 힘듭니다('떨어진다'는 수직적 운동과 '끌어당긴다'는 수평적 운동 사이를 쉽사리 넘나들지 못하는 것이죠.). 그러나 스스로 잘 알고 있다고 믿고 있는 '떨어진다'는 현상을 무지의 영역으로 이동시킬 때, 즉 '나는 아직 떨어진다는 말의 의미를 제대로 모르는구나.' 하고 생각을 진행시킬 때 비로소 '떨어진다'는 현상을 전과 다른 방식으로 이해할 수 있는 준비가 됩니다.

누군가 '아무리 나쁜 짓을 한 사람이라도 사형시켜서는 안 된다'고 주장하면 자신의 좁은 울타리 안에 갇혀 있는 사람은 '말도 안 돼. 저 사람은 죽을 짓을 했어. 반드시 사형시켜야 해!' 하고 분노하지만 자기 울타리를 벗어나서 타인의 울타리를 기웃거리는 사람은, 상대가 왜 사형 금지를 주장하는지 상대의 배경 아래에서 이해해 보려고 노력하게 됩니다. 그 노력의 결과로 나타나는 것이 독해입니다. 즉 독해란 나와 다르게 생각하는 사람의 주장을 이해하고 인정하는 과정입니다.

그래서 일단 '아는 것을 모르는 영역으로 옮기는 일'이 필요하죠.

이처럼 제가 생각하는 독서능력은 단순히 그 책을 읽고, 기억하고, 생각하고, 이해하는 능력만이 아닙니다. 모르는 것을 모르는 채로 기억하고, 내가 아는 것에 의문을 던지고, 또 내가 아는 것이라도 맥락과 전제를 달리한다면 다르게 이해할 수 있다는 것을 인정하는 과정입니다. 비유로 말하면 나의 작은 주머니에 세상 모든 지식을 욱여넣는 것이 아니라 내 주머니를 최대한 넓히는 활동입니다. 세상 모든 지식은 아니어도 최대한 많이 담는 주머니가 되는 것이 '독서능력'을 키우는 목표가 되죠. 그런 목표를 달성하기 위해 이루어지는 독서활동이라면 당연히 학습능력을 키우는 데 도움이 되지 않겠습니까?

책을 '공부'하는 아이들

그러나 책만 많이 읽는다고 독서능력이 자라는 것은 아닙니다. 이유가 있습니다. 요즘 아이들은 책을 두고 독서를 하는 게 아니라 학교나 학원에서 배운 방식대로 '공부'를 하죠. 진짜 독서를 못 한다는 얘기입니다.

아이들의 책을 대하는 태도가 이렇게 변한 것은 학교 교육 방식에 한 가지 이유가 있습니다.

학교는 시험을 자주 봅니다. 학력고사가 아니어도 단원 평가가 있고, 비공식 평가가 많습니다. 기본적으로 누가 잘하는지 비교하기 위해 다양한 형태의 시험을 치릅니다. 상대 평가에서 벗어났다고 해도 절대 평가를 하기 위해, 아니 심지어 한 번의 평가로는 공정하지 못할 수 있기 때문에 기회가 닿는 한 더 많이, 더 자주 시험을 봅니다. 꼭 시험을 보지 않더라도 뭔가를 만들어서 '평가'를 하죠.

아이들 처지에서 보면 시험이나 평가는 비슷한 친구끼리 비교하고 경쟁하는 것입니다. 학교는 끊임없이 경쟁하는 장소입니다. 내신을 염두에 두면 더욱더 그렇지요. 수업 시간 매 순간, 작은 숙제 하나라도 경쟁을 의식하지 않을 수 없습니다.

'평가의 공정성' 문제는 사태를 더욱 복잡하게 만드는 요인으로 작용합니다. 아이들은 평가의 공정성에 대해서 의식적이든 무의식적이든 비관적인 생각을 품고 있습니다. 만일 신뢰할 만한 공정성을 확보하려면 1) 교사의 내신 기록이 객관적이라는 게 증명되어야 하며, 2) 사교육에서 만들어진 개별 학생의 성과 차이를 학교가 구별할 수 있어야 합니다. 최소 이 두 가지가 해소되지 못하면 아이들은 자신을 평가하는 기준이 무엇인지 헷갈리게 되죠. 이 헷갈림은 교사와 학생의 관계를 이상하게 왜곡시킵니다.

예컨대 내신은 '상급 학교 진학에 반영하기 위하여 학생의 학교생활 내용을 기록'한 것입니다. 교사가 아무리 공정하게 기록한다고 해도, 아이들 처지에서 보면 내신을 중시하는 학교는 디스토피아 미래 소설에 나오는 통제 사회와 크게 다르지 않습니다. 한두 번의 잘못이 기록으로, 점수로 환원되고 이것들이 누적되면 다음에 어떤 일이 벌어질지 생각하고 싶지 않을 것입니다.

아이들은 스스로 납득하기 힘든 기준(공정하지 못한 어떤 방식)으로 비교되고 있다고 여기며 또한 불공정한 경쟁의 결과물인 이런 서열이 상급 학교 진입에 결정적인 영향을 미친다는 사실도 잘 알고 있죠. 아이들은 이곳의 룰이 '불공정 속의 경쟁'이라는 것을 뼛속까지 느끼고 있다는 말입니다.

부모들은 그런 아이들에게 동기부여 프로그램을 권하고 '힘을 내라'며 격려하지만 아이들은 '열심히'만으로는 안 된다고 느끼고 있습니다(참고로, 부모들은 아이들이 열심히 안 한다고 생각한 데 비해 아이들은 나름으로 열심히 한다고 생각한다는 것도 우리는 기억해야 합니다.). 부모에게 '무조건 열심히'라는 말을 들은 아이들은 '열심히'가 답이 아니라고 생각합니다. 도리어 주어진 여건에 대한 패배감 때문에 암담하기만 합니다. 많은 아이들이 어릴 때부터 무기력에 빠져서 살아가게 되죠. 그래서 아무 생각 없이 시키는 것만 합니다. 빠르지도 느리지도 않은 속도로. 물어보면 물어보는 것만 기억합니다. 물어보지 않으면 기억하지 않습니다. 기억한 것도 다음 시간에는 잊어버립니다. 요즘 아이들은 너무 지쳐 있는 상태입니다.

아이들이 놓여 있는 이런 실존적 교육 환경을 고려한다면 책을 제대로 읽기를 바라는 것은 사치에 가깝습니다. 아무리 재미있는 책을 줘도 이를 즐길 만한 마음의 여유가 없을 뿐 아니라 설령 책을 집어 든다고 해도 이 아이가 책을 읽는 방식이란 1) 시험 등 평가를 염두에 두고, 2) 사고력을 증진시키는 방식이 아니라 정보 흡수적 차원에서 공부하는 것이죠. 성장의 기회로서 읽는 책이 아니라 성과를 만들어야 한다는 압박감에서 책을 본다는 얘기입니다. 이 아이가 박사나 직장인이라면 성과를 만드는 게 중요하지만 아직은 성장이 더 필요할 나이인데도 말이죠.

평가 형식 그대로 가르쳤기 때문에 독서능력이 죽었다

아이들이 책을 공부하듯 읽는 이유는 성적과 경쟁 중심의 학교 조건 때문이지만 더 근본적으로는 가르치는 방식 자체 때문입니다. 교사들은 평가하는 형식 그대로 가르치는 경향이 있습니다. 학교가 사교육 방식을 흉내 냅니다. 교사들도 경쟁에서 벗어날 수 없으니까요.

닉 데이비스는 〈위기의 학교〉에서 영국 사례를 소개하고 있습니다. 영국의 한 교육부 장관이 성취도 비율이 일정 정도 도달하지 않으면 장관직을 사임하겠다고 발표하자 일부 교사들이 방법을 찾습니다. 그런데 그게 닉 데이비스의 눈에는 '즉흥적인 방법', '가지가지의 편법'처럼 보였던 것이죠. 예를 들어 교사들이 도입한 '즉흥적인 방법'들은 다음과 같았습니다.

"시험에 대비한 보충 수업, 기출 문제 풀기, 영어 시험에서 계속 출제되는 유형을 파악하여 작문할 때 구성과 스타일을 잘 잡을 수 있도록 연습시키기와 같은 시험을 잘 치르게 하는 특정한 기술을 가르치는……"(229쪽)

익숙한 내용입니다. 우리는 오래전부터 이렇게 가르치고 있습니다.

물론 우리나라에서도 비판의 목소리는 높습니다. 기출문제 풀이 방식으로 수업하는 것을 비판하는 얘기는 종종 들립니다. 그런데 평가 형식 그대로 가르치는 것에 대한 비판은 거의 듣지 못했습니다. 평가 형식에 맞춘 수업 방식도 '미리 정해진 답'을 찾아가는 과정이라는 점에서 결국 기출문제 풀이 방식의 수업과 하나도 다를 게 없는 데 말이죠.

예를 들어보죠. 청소년 소설 〈나는 선생님이 좋아요〉(하이타니 겐지로 저, 햇살과나무꾼 역, 양철북)를 교재로 수업하는 사례입니다(이 책에는 사람들과 어울리지 않고 파리에만 관심을 보이는 데쓰조라는 아이가 나옵니다. 고다니 선생님은 '그 아이의 숨겨진 보물(천재성)을 발견하고' 데쓰조와 서로 마음을 열어갑니다.).

책을 읽은 아이들은 몇 가지 질문에 대해서 답을 해야 합니다. '다양한 사고 경험을 할 수 있도록 하는 질문'이라는 항목에는 이런 질문 내용이 달려 있습니다.

"이 책에는 여러 선생님이 등장합니다. 그중에서 고다니 선생님과 아다치 선생님은 데쓰조와 처리장 아이들과 함께한 선생님이랍니다.

두 선생님에 대해 이야기해 보세요."

다른 항목도 보입니다. '자신의 경험을 표현하고 내면적 가치를 높이도록 하는 질문'입니다. 내용은 이렇죠.

"데쓰조 때문에 힘든 고다니 선생님에게 아다치 선생님은 '그런 아이야말로 보물을 잔뜩 쌓아 놓고 있거든'이라는 말씀을 하셨어요. 데쓰조 안에는 어떤 보물이 있었나요? 그리고 여러분 안에는 어떤 보물이 있나요?"

이런 질문들은 학습 목표와 밀접하게 관련되어 있습니다. 학습 목표는 뭘까요?

- 선생님에 대해 생각을 해 본다.
- 데쓰조의 변화를 통해 내 안의 보물을 찾아본다.
- 사제 간의 참 의미를 생각해본다.

이런 종류의 수업은 이처럼 학습 목표를 중심으로 진행되죠. 그래서 무엇이 이 교실을 지배하는가 하면 바로 '학습 목표를 최우선 순위에 둔 교사의 생각'입니다. 수업은 교사가 생각하는 '올바르다고 믿는 주제의식'으로 수렴될 가능성이 매우 크죠. 아이는, 설령 책을 독자적으로 해석하는 아이라도 교사의 설명을 수용하게 됩니다. 이해되지 않더라도 절대 거부할 수 없는 하나의 지식으로 말이죠.

수업 모습을 상상해봅시다. 아이들이 '두 선생님'에 대해 교사와 이야기를 주고받습니다. 그리고 교사는 자연스럽게 본인이 생각하는, 또는 교사 지침서에 나와 있는 방향으로 생각을 유도합니다. 아이러니하게도 그러면서도 동시에 아이가 '다양한 사고'를 경험하기를 기대하죠(아이들은 어쩌죠?). 나아가 '데쓰조한테 그리고 여러분 안에 어떤 보물이 있는지' 이야기를 나누면서 교사는 아이들의 다양한 답변을 듣고 '이렇게 해야 자신의 내면적 가치를 높일 수 있다'고 '모범답안'을 제시하려고 합니다. 다양한 아이들의 생각을 하나의 도가니에 넣고 펄펄 끓여서 개성이 사라집니다.

물론 아이들은 이처럼 조금 다른 생각들이 '다양한 사고'라고 믿습니다. 대부분의 교사들이 그렇게 말해주니까요. 그런데 설명은 없습니다. 왜 그게 다양한 사고인지 말이죠('다양하다'는 말은 '그렇게 생각하는 데 타당한 근거가 있음'을 전제로 합니다.). 왜 다양한 사고인지 모르니까 '다양한 사고'로 나아가려면 어떻게 해야 하는지, 또 이를 위해 사고력을 기르려면 무엇을 해야 하는지 오리무중이죠.

수업이 마치 정답을 맞히는 퀴즈처럼 바뀝니다. 교사는 굳이 '정답'이라고 말하진 않아도 적절하게 의견을 낸 아이를 인정하는 뉘앙스를 풍깁니다. 그리고 왜 그게 '좋은 답변'인지 교사는 설명합니다. 그러나 아이들은 이해하지 못합니다.

이런 수업에 익숙해진 아이들은 이렇게 느낍니다.

'선생님이 질문을 던지실 때는 이미 감춰놓은 답이 있다. 어떤 과정을 거쳐서 그 답에 도달하는지는 모르겠지만 책을 많이 읽었거나 배경지식이 많은 사람만이 정답을 맞힐 것 같다. 답에 도달하는 그 사다리는 투명하다. 내 눈에는 보이지 않는다. 마치 근거를 토대로 쌓아가는 '추론'이 아니라 뭔가 과정이 생략된 채 여기서 저기로 뿅 하고 날아가는 '직감' 같다.'

'수업이란 그런 것이구나!' 하고 알아차린 아이들은 이제 교사의 눈빛과 몸짓, 그리고 최종적으로 입에서 나온 말을 '정말 중요한 것'이라고 여기고 그대로 받아들이려 합니다. 생각은 선생님이 다 했고, 내가 할 일은 그 생각을 그저 받아들이는 것이라고 여기죠. 그래서 아이들은 답을 암기하게 됩니다. 암기는 다른 이유로도 권장됩니다. 며칠 뒤 교사는 비슷한 질문을 던집니다. 아이쿠! 나는 왜 까먹었을까? 다음부터는 잘 기억해야겠다!

반면 사고력을 높이려면 학습 목표를 잊고 자기가 읽으면서 떠오른 생각을 얘기할 수 있어야 합니다. 그리고 그 생각이 틀리지 않았다고 인정해 주어야 하죠. 이 두 가지 전제로부터 수업이 출발해야 비로소 생각이 발동하게 됩니다. 그런데 학습 목표가 이 모든 걸 가로막습니다. 학습 목표에 어긋나는 모든 것은 틀린 것이죠. 아이들이 무슨 힘이 있어서 학습 목표라는 권위에 도전하려고 하겠습니까? 생각은 잠시 집에 두고 오는 게 도리어 수업을 따라가는 데 도움이 됩니다.

기출문제 풀이 방식이 나쁘다는 걸 많은 이들이 지적합니다. 사회에 나가서 별로 도움 되지 않는 문제 풀이 기계만 양산한다고 말이죠. 그러나 학습 목표에 충실한 수업 방식 역시 결국 문제 풀이 방식의 수업과 하나도 다를 게 없습니다.

평가의 잣대를 거둬들여야 비로소 책 읽기가 시작된다

오래전 대안 교육을 강조한 존 홀트는 〈아이들은 왜 실패하는가〉(아침이슬)라는 책에서 흥미로운 사례를 소개합니다. 교사는 마음속으로 세 자릿수 숫자 하나를 생각합니다. 아이들에게 스무고개 형태로 답을 '추론'해 보라고 요구합니다. 예를 들어 아이가 '600보다 큰가요?' 하고 물으면 교사는 '그렇다, 아니다'라고 답을 할 것이고, 그렇게 학생들이 수사망을 좁혀가면서 답을 찾기를 기대한 것이죠. 그런데 아이들은 교사의 의도대로 움직이지 않았습니다.

그럼 정답이 없는 교사의 질문에는 '추론'을 할까요? 정해진 답이 없는 질문이므로 아이들은 자유롭게 근거를 들어가며 주장을 펼치면 됩니다. 그런데 존 홀트의 설명에 따르면, 아이들은 정답이 없는 상황에서는 '전략'을 씁니다. 어떤 전략인가 하면, '틀릴지도 모르는데'라고 웅얼거리거나 '~할 수도 있고'라고 사족을 붙이면서 '맞아도 그만 틀려도 그만'이라는 듯 애매한 태도를 취한답니다. 근거만 옳다면 다 정답이 될 수 있지만 아이들은 선생님이 정답을 숨겨두고 있다고 믿고 있거나 혹은 자신의 생각을 전개하는 데 서툰 거지요. 심지어 아이들은 다른 누군가의 앞선 답변에서 힌트를 얻어 조금 나은 답을 찾으려는 노력조차 거의 하지 않았다고, 존 홀트는 증언합니다.

왜일까요? 머리를 쓰면서 수업을 들었던 적이 없기 때문입니다.

다음은 제가 가르친 아이들이 〈나는 선생님이 좋아요〉를 읽고 쓴 글입니다.

"고다니 선생님은 왜 데쓰조에게만 집착할까? 학생이라면 데쓰조 말고도 많고 또 데쓰조는 말썽만 일으키는 아이인데 왜 친해지려고 하는 걸까? 아다치 선생님이 데쓰조에게 보물이라고 해서 그럴까?"(ㅇㅇ민, 중1)

"학교에서 달갑지 않아 하는 이런 아이들은 학교와 같은 강제적인 분위기가 만든 것이 아닌가? 창의성과 독창성을 비롯한 온갖 아이들의 생각들을 하나의 생각과 틀로 규정짓는 곳이 아이들이 교육받고 생활하는 학교라고 생각한다."(ㅇㅇ송, 중2)

이 아이들은 1) 평가 없음, 2) 근거 있는 자기주장, 이렇게 두 가지에 토대를 두고 독서를 해왔습니다. 그런데 기존 교육 방식에서는 이런 답변을 어떻게 받아들일까요? '글을 이해하지 못했다'고 지적받을 가능성이 매우 크죠. 그러면 이 아이들은 다음부터는 자신의 생각을 감추려 할 것이고, 다시 선생님의 '숨겨진 정답' 찾기 놀이에 열중하겠죠. 설사 아이들의 답변을 인정한다 하더라도 학습 목표가 있으니까 다음에 얘기하자고 할 것입니다. 그러면 아이는 자기 생각이 무시당했다고 생각하겠지요.

그렇게 해서, 존 홀트가 아이들이 실패하는 이유로 꼽은 '두려움과 지루함과 혼란'이 아이들의 마음에 자리를 잡습니다.

"아이들은 그 무엇보다도 실패를 두려워하고, 자기를 둘러싼 수많은 어른을 실망하게 하고 화나게 할까 봐 두려워한다."(9쪽)

이 때문에 아이들의 사고력, 독해력은 위축됩니다. 시험과 경쟁이라는 잉크에 오랫동안 몸을 담근 나머지 아이들의 마음속은 '두려움과 혼란'이라는 붉은색으로 물들게 되죠.

그 아이들이 말합니다. '독서는 또 하나의 과목일 뿐'이라고. 책 읽기를 하러 오는 아이들은 자신이 '논술 공부를 한다'고 생각합니다. 아이는 교사의 가이드를 받으며 어려운 책의 내용을 파악해 갑니다. 미리 주어진 '질문'이나 '논제'에 따라서 책을 하나의 요약된 형태로 암기합니다. 동화라고 다를 건 없습니다.

몇몇 국어교육과 교수들은 독후활동보다 책 읽기 자체가 필요하다고 지적하는데(예를 들어 김명순, "학교 독서 운동과 독서 교육", 〈독서 연구〉 제27호 / 김상욱, "독서 운동의 현황과 방향", 〈독서 연구〉 제27호) 대부분의 독서 지도에서는, 학교의 독서 지도까지 포함해서 '활동 자체보다는 학습 중심의 독서 지도'가 필요하다고 입을 모읍니다. 대놓고 책을 수업하듯이 공부하라고 요구하는 것이죠.

독서능력이라는 씨앗은 태어날 때부터 우리 마음에 심어졌지만 아무도 물을 주지 않습니다. 그나마 다행인 것은, 천 년 묵은 씨앗이 물 한 방울의 도움으로 싹을 틔웠다는 '신기한 과학 기사'처럼 독서능력 역시 죽지 않고 우리 마음에서 생명력을 유지하고 있습니다. 그 기적 같은 생명에 물을 주는 방법, 이제 시작합니다.

2
장

독서 집중력을 높이는 첫 번째 방법, 읽어주기

빠르게 읽어주고 녹음해서 다시 들려준다

감정 넣지 않고 빠르게 읽어준다

아이가 책을 좋아하고 어느 정도 독서능력이 개발되어 있다면 어떻게 읽어주어도 괜찮을 것 같습니다. 그렇지만 우리 고민은, 책을 싫어하거나 독서능력이 낮은 아이들입니다. 같은 의미에서 아이보다 높은 수준의 책을 읽어줄 때도 그렇죠. 읽어주는 방법에 따라 아이들 반응이 다르게 나타나기 때문에 언제, 어디서, 어떻게 읽어줄 것인지 고려하지 않을 수 없습니다.

우선 읽어주기의 목적이 분명해야 합니다. 내용도 파악했으면 싶고, 자기표현도 잘 하기를 바라고, 부모와 소통도 수월해졌으면 싶겠지만 목적이 많을수록 효과를 보지 못할 수 있습니다. 그래서 딱 한 가지만 목표를 세우는 게 좋습니다. 집중력입니다.

흔히 '잠자리 동화'라고 해서 많은 부모가 자녀를 재우기 전에 침대에서 책을 읽어줍니다. 다 읽어줄 때까지 잠들지 않은 아이들을 보고 너무 말똥말똥해서 걱정이라는 부모님도 있고, 또 이야기가 끝나기도 전에 스르르 잠들어버려서 걱정이라는 부모님도 있습니다. 그런데도 1) 자기 전에 2) 침대에서 읽어주는 환경을 바꾸려고 생각해 본 부모는 많지 않은 것 같습니다.

만일 독서능력 향상이 목표라면 침대에서 읽어주지 말아야 합니다. 대신 집중해서 들을 수 있는 환경으로 갈아타야 합니다. 일과처럼 정해진 시간에 공부하는 태도를 갖추게 해서 책을 읽어줘야 합니다. 편한 자세를 취하는 건 상관없지만 환경 자체는 집중할 수 있는 시공간이어야 합니다. 따라서 아이 방이나 침대보다는 거실이나 식탁을 추천합니다.

많은 부모가 동화 구연 형태로 책을 읽어줍니다. 감정을 넣어 천천히 읽어주고, 손으로 효과를 내고, 인물에 따라 목소리를 바꾸기도 하죠. 중요한 대목에선 긴장감을 더하는 방식으로 템포를 조절하면서 재미있게 듣기를 바랍니다.

그런데 이런 방법 자체가 오히려 아이들의 재미를 빼앗거나 이해를 방해합니다. 부모들은 그럴 거라고 전혀 생각하지 않았을 테죠. 부모들의 생각이나 노력과는 달리 듣기 수준이 낮은 아이가 아니라면, 읽는 속도가 느리거나 감정이 많이 들어가면 집중하기가 더 힘듭니다.

만일 부모가 구어체 형태의 감정이 섞인 방식으로 몸짓까지 흉내 내며 책을 읽어주면 아이는 말투나 높낮이, 강약 등 반언어적 요소뿐 아니라 몸짓, 표정 등 비언어적 요소를 통해 이해하려 합니다. 책에는 이런 비언어적, 반언어적 요소가 없습니다. 책 읽을 때 종종 혼동하는 게 있습니다. 대화문이 길게 이어질 때 이게 누구 말인지 헷갈리는 경우죠. 실제의 대화나 동화 구연에서는 누구의 말인지 애써 구분할 필요가 없는 장면입니다. 그런데 혼자 읽기에서는 오히려 헷갈리는 요인이 됩니다. 훗날 문자로 이루어진 책을 혼자 읽도록 만드는 게 목표라면 절대 구연동화 식으로 책을 읽어주면 안 됩니다.

대신 감정을 섞지 않고 빠르게 읽어줍니다. 눈으로 보는 속도와 비슷할수록 더 집중하는 경향이 있습니다. 읽는 속도가 빠르면 책을 펼치고 손으로 따라가는데, 간혹 놓치기도 하지만 집중해서 따라갑니다. 아이들에게 읽어주는 책은 대체로 난이도가 높지 않죠. 읽는 속도가 느리면 아이는 금방 지루해하다가 어느새 장난을 칩니다.

구연동화처럼 읽을 때의 또 다른 문제가 있습니다. 아이들이 감동하고 재미있어 하는 부분이 부모와 다르다는 사실입니다. 아이들은 나와 다른 리듬을 갖고 이야기를 듣게 됩니다. 감정이 고조되는 부분이 부모와 다르다는 얘기입니다. 그런데 엉뚱한 곳에서 감정을 고조시키면 아이로서는 불편한 감정을 느끼죠. 집중력에 금이 갑니다.

동화 구연 형태로 읽어주기는, 아주 어린 아이들에게 읽어주거나 또는 읽어주기를 시작할 때(시선을 사로잡는 효과), 또는 아이가 집중에 들어가기 몇 분 전까지 필요할 뿐, 이미 집중한 상태라면 적합하지 않습니다. 이보다는 빠르게, 감정 없이 읽어주는 것이 좋습니다. 필요하면 아이들이 책을 펼쳐 손으로 짚어가며 따라 들을 때 훨씬 집중을 잘 합니다.

책을 싫어하는 아이가 나중엔 생각이 깊어졌다

우리 아들에게 유치원 때부터 거의 날마다 책을 읽어주기 시작했는데, 이제 중학교 1학년이 되었다. 물론 지금도, 매일은 아니지만 꾸준히 책을 읽어주고 있다. 벌써 만 7년이 다 되었다. 돌아보면 긴 시간인데, 지금 생각해도 아이들 교육에 있어서 내가 가장 잘한 일 같다.

많은 사람이 묻는다. 왜 책을 읽어주는지, 어떻게 그렇게 오랫동안 책을 읽어줄 수 있는지. 시작은 단순했다. 우리 아들이 누나와는 달리 도무지 책을 읽지 않았기 때문이다. 많은 부모가 경험하는 일이지만 책을 읽지 않는 아이에게 억지로 책을 읽히는 것은 어려운 일이다. 그렇다면 방법은 읽어주기뿐이라고 생각했다.

그렇다면 그렇게 오랫동안 책을 읽어주고 나니 책을 좋아하는 아이가 되었을까? 많은 사람이 이것에 대해서 궁금해한다. 가끔은 엄마가 계속 읽어주면 자기 혼자서는 책을 읽지 않는 것은 아닌가 묻기도 한다. 또는 어떤 면에서 아이에게 도움이 되었는지 묻는다.

우리 아들은 내 바람대로 책 읽는 즐거움을 알게 되었다. 스스로 읽고 싶은 책을 찾아 읽거나, 책에 푹 빠져서 읽는다. 또한 자기 또래보다 어려운 책도 쉽게 읽는 것 같다. 대부분 아이와 반대로 학년이 올라가면서 책 읽기를 더 좋아하게 되었다.

오랫동안 책을 읽어주면서 독서능력이 올라갔다. 특히 사고력, 독해력 등이 함께 올라가는 것이다. 따로 외우거나, 설명을 듣거나, 논술을 공부하지 않아도 그런 능력이 조금씩 성장하게 된다. 이런 점이 가장 크게 드러나는 것은 학교 공부와 시험, 특히 중학교 때일 것이다.

우리 아들의 경우 초등학교 때 학교 공부나 시험을 아주 어려워한 적은 없고, 성적도 걱정할 정도는 아니었다. 하지만 문제는 공부하는 것 자체, 특히 영어 공부 등 꾸준히 하는 공부를 극도로 싫어했다. 물론 학교에서도 성실한 학생은 절대 아니었다. 오히려 자기 관심사에 따라 주의가 흩어지니 선생님이 보기에는 다소 산만한 학생이었다. 그래서 책을 더 열심히 읽어주었다. 앉혀 놓고 집중하라고 하거나 억지로 공부를 시키는 것은 가능하지 않으니 책을 들으면서 스스로(저절로) 집중하게 할 수밖에 없었다.

어쨌든 그런 성향의 아이이니 중학교에서 가서 열심히 공부할 거라고 기대하지 않았다. 특히 싫어하는 영어 과목과 사회나 도덕, 역사 등 꼼꼼히 챙겨서 공부해야 하는 과목은 성적이 좋지 않을 것이라고 생각했다. 그런데 우리의 예상과는 달리 자기 스스로 정리해서 공부하고, 성적도 잘 나왔다.

가장 특이할 만한 점은 수업 시간에 선생님의 이야기가 귀에 쏙쏙 들어오고, 다 기억이 나서 집에 와서 엄마에게 말해준다는 점이다. 또한 시험 기간에 공부를 많이 하지는 않지만 자기가 정리하고, 공책에 쓰고, 필요한 문제를 골라서 푸는 등 아무튼 '공부'를 하고, 쉽게 했다. 우리 가족들은 '불가사의한 일'이라고 말한다.

또 하나 책 읽어주기의 장점은 사고력을 길러 준다는 것이다. 우리가 늘 생각하면서 사는 것처럼 보이지만 생각은 관계와 상황 속에서, 경험을 통해서 깊이 있게 하게 된다. 하지만 요즘 아이들은 관계나 경험이 한정될 수밖에 없고, 매스컴을 통해 일방적으로 메시지를 전달받는 것이 현실이다.

그래서 책을 읽으면서 다양한 상황과 맥락 속에서 생각하고, 간접경험을 하면서 사고력을 키울 수밖에 없다. 우리 아들을 보면 일단 생각하는 것 자체를 어려워하지 않는다. 생각을 표현하는 데에도 별로 주저함이 없다. 사고력이 '높다', '낮다'라는 문제가 아니라 어떤 책에 대해서나, 문제에 대해서 생각하고, 또 그것을 자기 수준에서 나름대로 정리해서 쓸 수 있다는 것이다.

이렇게 쓰고 보니 마치 우리 아이가 부모들이 생각하는 바람직한 아이처럼 보이지만, 전혀 그렇지 않다! 여전히 천방지축이고, 날마다 예측 불허의 사건, 사고를 일으킨다. 다만 초등학교 6년 동안 길게 기초능력, 즉 독서능력을 키우는 것의 장점이나 효과에 대해서 말하고 있을 뿐이다. 이것 역시 다 그 아이의 수준이나 상황, 혹은 부모의 기대 수준에서 비롯한다고 생각한다. 우리 아이와 나로서 고려해 볼 때 초등학교 때보다 중학교 때가 책 읽기, 글쓰기, 공부 등에서 잘하고, 못 하고를 떠나 훨씬 수월해졌다는 면에서 읽어주기가 큰 효과가 있다고 본다. (남윤정 연구원)

아이가 몸으로 표현하며 듣게 한다

아이가 이야기에 푹 빠져 있을 때는 감정 없이 빠르게 읽어주기로 갈아타면 됩니다. 그런데 이제 막 글자를 깨쳤거나 아직은 독서능력이 높지 않거나 혹은 아이가 너무 어리다면 집중이 어려울 수 있습니다. 말투나 몸짓 없이 언어적 요소만으로 이해하기가 쉽지 않기 때문입니다. 낱말을 듣고 사물을 떠올리고, 앞뒤 내용을 서로 연결하고, 인물들을 구별해야 하고, 시공간 배경에 따라 이야기의 흐름을 따라가야 하는데, 이를 머릿속으로만 진행하는 것이 아직은 버거운 것이죠.

그럴 때는 부득이하게 말투나 몸짓 등으로 이해를 도와야 하는데 기왕이면 읽어주는 사람이 이를 표현하기보다 듣는 아이들이 표현하게

끔 하는 것이 더 좋습니다. 즉 아이가 부모의 읽어주기를 들으면서 그림을 그리거나 혹은 손으로 또는 몸으로 표현하는 것이죠. 때에 따라 들은 내용과 다른 몸짓을 해도 괜찮습니다. 심지어 태권도 동작을 취하면서 듣는 아이도 있다고 합니다. 상관없습니다. 아이의 행동 표현을 권하는 이유는 지루함을 줄이고 집중력을 기르기 위해서이므로 어떤 형태의 몸짓이든 허용하는 것이 좋습니다.

예컨대 〈이 고쳐 선생과 이빨투성이 괴물〉(롭 루이스 글그림, 김영진 역, 시공주니어)을 들려줍니다.

"이빨이 많다면 입이 엄청나게 큰 동물일 것입니다. 입이 커다랗다면 머리도 커다래야 할 것이고, 머리가 커다랗다면 몸도 커다래야 할 텐데."

이 대목에서 아이는 두 손으로 입을 만들고, 손을 점점 벌립니다. 머리로 상상하는 것보다 손으로 크기를 가늠하는 것이 훨씬 실감이 나죠.

이때 부모가 책을 보지 않고 들려주어도 좋습니다. 이야기가 조금 달라져도 상관없습니다. 이야기 속 긍정적인 인물이라면 시공간을 지금-여기로 하고, 주인공을 자녀 이름으로 바꿔서 들려줍니다. 이렇게 하려면 연습이 필요하겠지만 옛이야기부터 한번 시도해보세요. 자꾸 하면 생각만큼 어렵지 않습니다. 물론 내용이 달라지는 것을 인정해야 하고, 간혹 아이가 이야기 내용을 바꾸도록 요구할 때 받아줘야 합니다.

이렇게 아이가 몸으로 표현하고, 부모가 이야기를 바꾸며 들려주려면 책은 쉬워야 하고, 주로 전래동화나 창작동화여야 합니다. 책이 어렵거나 지식을 다룬 책이라면 아이는 표현할 길이 없습니다. 아이가 표현하지 못한다면 몰입하지 못하고 이해하지 못했다고 봅니다. 이해했는지 확인하기 위해 질문을 하는 것보다는 몸으로 표현하는 것을 보면서 판단하는 것이 더 낫습니다.

들으면서 움직이고 연극 놀이로 발전한다

우리 아이에게 꾸준히 책을 읽어주기 시작한 시기는 5세 후반이었다. 그림책부터 시작했다. 모든 아이가 그렇듯 우리 아이도 책을 좋아했다. 읽은 책을 또 들고 와서 계속 읽어달라고 했고, 내가 읽어주지 않을 때는 혼자 책을 들고 앉아 뭔가 중얼거리며 그림을 보곤 했다.

문제는 글밥이 점점 많아지는 책으로 넘어가면서부터다. 계속 읽어 달라는 아이의 요구를 따라가기가 어려웠다. 아빠가 읽어주기도 하고, 녹음해서 들려주기도 했는데 잘 듣지 않으려고 했다. 하지만 동생도 자기 책을 읽어달라고 졸라댔고 아빠는 늦게 들어왔으며, 내 일도 쌓여 있어 도저히 아이의 요구대로 해줄 수 없어서 아이가 원하는 책을 읽어주기는 하되, 읽을 때마다 녹음하고, 다시 읽어 달라고 할 때는 녹음한 것을 들려주려고 애썼다.

책을 읽을 때 아이가 묻고 내가 답하는 내용이나 아이가 낄낄대는 소리, 책에 대해 말하는 소리도 끊지 않고 함께 녹음했다. 그러면 그 소리가 재미있어서 녹음을 조금씩 들었다. 웃음이 나오는 그곳을 기다렸다가 같이 웃고, 자기가 묻는 부분이 나오면 엄마처럼 대답하기도 하면서 녹음한 책을 듣는 데 익숙해져 갔다.

그림책, 옛이야기 책을 주로 읽어줬다. 아이는 특히 옛이야기 책을 들을 때 다양한 반응을 보였다. 옛이야기를 여러 번 듣자 이야기를 들을 때 대화가 나오는 부분만을 골라서 따라 했고, 동작을 묘사하는 부분은 자기가 그 동작을 취하면서 들었다. 동생과 함께 들었던 책은 노는 시간에 극을 만들어서 놀기도 했다. 〈이야기 이야기〉(보림) 책은 일주일이 넘게 연극으로 만들며 놀았는데 역할을 맡을 사람이 부족해서 매번 엄마 아빠를 끌어들여서 함께했다. 옛이야기를 가지고 둘이 극을 하며 놀 때는 내용을 바꾸곤 했다(아이들은 요즘도 극을 만들어 우리 부부에게 보여준다.).

아이가 듣기를 잘하자 시중에 나와 있는 옛이야기 책 음원을 두 가지 정도 구해서 들려주었다. 처음엔 내용에 맞는 음악도 나오고 배우들의 연기가 재미있어서 그런지 반복해서 들으며 깔깔거리고 좋아했다. 하지만 시간이 지나면서 다시 엄마가 읽어준 옛이야기만 들었다. 아이에게 물으니 음악이 싫고 이야기가 빨리 안 나와서 싫다고 했다. 이미 들어서 내용을 모두 알고 있는데 이야기 진행이 더디니 답답하고, 음악이 몰입을 방해했던 것 같다.

아이가 책 읽기를 듣기 시작할 때는 그림을 그리거나 블록을 하거나 종이접기를 하는 등 평소 자기가 하던 놀이를 계속하며 귀만 열어 두었다. 그러다가 그림이 궁금하면 다가와 책을 보고 다시 돌아간다. 이야기가 흥미로워 강하게 집중할 때는 하던 일을 멈추고 내 주변을 빙빙 돌며 듣는다.

아이가 녹음한 책을 잘 듣자 긴 책을 읽어줄 수 있게 되었다. 주로 고전 판타지나 시리즈물을 하루 한 시간 정도 읽어주었는데 〈오즈의 마법사〉 시리즈나 〈돌리틀 선생〉 시리즈, 특히 린드그렌의 〈에밀〉, 〈삐삐〉 시리즈를 좋아해서 이런 책들의 녹음 파일을 여러 번 반복해서 들었다. 어떤 날은 옛이야기 책만 계속 듣다가 한동안은 언제 그랬냐는 듯 틀지 못하게 하기도 했다.

이런 책들을 모두 내가 읽어준 것은 아니다. 아이는 7세 후반에 유치원을 거부하고 집에서 종일 녹음한 책들을 틀어 놓고 그림을 그리거나 블록을 하는 등 놀면서 지냈는데 종일 듣기에는 내가 읽어준 책으로 부족했다. 그래서 틈나는 대로 녹음하고 힘들면 아빠에게 부탁하기도 했다. 처음엔 짧으면서 아이가 재미있어 할 만한 〈고양이 택시〉를 들려주자 좋아했다. 그래서 프로이슬러의 작품들을 들려주었고, 이어서 린드그렌, 로알드 달, 미하엘 엔데가 쓴 책들을 들려주자 매우 좋아했다.

아이는 이제 9살이 되었다. 7세 초에 글자는 스스로 읽을 수 있게 되었고, 무리없이 1학년을 보냈으며, 가장 좋아하는 작가로 아스트리드 린드그렌을 꼽는다. 우리는 저녁을 먹은 후 책을 읽고 있다. 동생의 그림책을 읽어주고 있으면 어느새 옆에 와서 같이 듣고, 자기 책을 읽을 때면 당연한 듯 녹음기를 들고 온다. (이명주 연구원)

녹음기를 이용해 반복해서 들려준다

아이들은 같은 책을 여러 번 읽어 달라고 합니다. 거의 외우다시피 한 이야기인데도 또 읽어 달라고 하지요. 또 약속한 시간 이상 읽어 달라고 조릅니다. 그림책을 한 보따리 가져와서 전부 읽어 달라고 할 때도 있죠. 이미 저녁이 무르익어 자야 할 시간인데 말입니다. 심지어 글자를 읽을 줄 아는 데도 읽어 달라고 합니다.

읽어주는 것은 힘든 일입니다. 보통 엄마들은 30분 정도 읽어주면 힘에 부칩니다. 반면 아이들은 '더! 더!'를 외칩니다. 2시간 동안 지치지 않고 듣는 아이들도 있습니다. 어제 읽은 책을 오늘 또 들고 오면 짜증이 날 때도 있죠. 그래서 어떻게 하나요? 아이에게 혼자 읽으라고 했더니 징징거리거나 안 되면 책을 펼쳐놓고 대충 읽다 맙니다.

이런 문제를 해결하기 위한 방법이 녹음입니다. 물론 기계음을 싫어해서 녹음을 듣지 않으려고 하는 아이도 있죠. 그러면 책을 펼쳐놓고 옆에서 부모가 같이 듣는 것이 좋습니다. 직접 읽어줄 때는 읽는 사람과 듣는 사람으로 나뉘어 있는 것에 비해, 같이 들을 때는 둘 다 듣는 사람의 위치에 있어서 아이는 더 편한 상태에 놓이게 됩니다. 그러므로 직접 읽어주는 형태로 진행하다가 아이가 듣는 힘이 향상되었다 싶을 때 녹음을 활용합니다. 여전히 녹음이 싫다고 하면 좋아할 때까지 직접 읽어줘야 합니다. 물론 나중을 위해 녹음을 합니다.

녹음을 활용하는 방법의 또 다른 장점은 속도를 조절할 수 있다는 점입니다. 반복 청취로 익숙해지면 배속을 높여 재생합니다. 집중력이 훨씬 좋아집니다. 책 읽기에 조금이라도 익숙해진 아이라면 눈으로 읽는 속도보다 느리게 읽어주는 걸 지루해합니다. 아이에 따라, 내용에 따라 1.3~2배까지 가속해서 들려줍니다. 아이는 손가락으로 글자를 따라가며 듣게 됩니다.

아빠가 늦게 들어오느라 자녀를 만날 기회가 적다면 아빠 목소리로 녹음하는 것도 좋은 방법입니다. 아빠들은 상대적으로 체력이 좋아 2시간을 쉬지 않고 읽어주는 경우도 흔히 볼 수 있습니다. 그런데 문제가 있죠. 아빠들은 아이가 조금이라도 산만하게 굴면 참지 못하고 읽어주기를 그치는 경우가 많습니다. 아빠들에게 일주일에 책 몇 권을 주면서 USB 같은 장치에 녹음하도록 과제를 주면 이런 여러 문제를 동시에 해결할 수 있죠. 아이는 아빠의 목소리를 듣고 신기해하고 아빠한테 고마워합니다.

여러 가지 이유로 상업용 구연동화 CD나 파일을 활용하는 부모들이 있습니다. 그런 녹음에는 몸짓이나 표정 등 비언어적 요소가 없지만 말투나 높낮이, 강약 등 반언어적 요소가 매우 강합니다. 여러 명의 성우가 대화 장면을 읽는다면 누구의 말인지 알기 쉽습니다. 물론 그런 만큼 '듣는 재미'는 있기 때문에 아이가 흥미를 보이는 건 사실입니다. 그러나 효과를 봤다고 말하는 부모가 드뭅니다. 아마도 낯선 목소리여서 그럴 수도 있습니다. 아이들은 엄마의 목소리에 반응하기 때문이죠. 또 읽어주는 사람의 얼굴을 알거나 혹은 볼 수 있어야 하는데 구연동화 CD나 파일은 그게 불가능하죠.

아빠의 역할이 필요하다

많은 부모가 책 읽기의 중요성을 알고, 또 저학년 때 책을 읽어주는 경우는 많지만 장기간에 걸쳐, 그리고 고학년(현재 중3) 때에도 아빠가 읽어준 경우는 그리 많지 않다. 그러던 중에 책을 읽어주는 아빠가 있다는 이야기를 듣고 놀랍고, 반가운 마음에 인터뷰를 요청하게 되었다. 오랫동안 책 읽어 준 아빠의 이야기를 들어보자.

Q1. 아빠가 책을 읽어주신다는 이야기를 듣고 참 특이하다는 생각이 들었어요. 아이에게 어떤 계기로 책을 읽어주기 시작하셨나요?

A. 처음에는 아내의 권유로 큰아이가 어릴 때, 말 배우기 시작할 무렵에 그림책을 읽어주기 시작했습니다. 글이 그리 많지는 않았지요. 그때는 제가 먼저 소리 내서 읽으면 아이가 따라 읽기도 하고, 우리 딸의 반응이 상당히 좋았던 것으로 기억됩니다.

둘째도 큰아이 때의 경험을 살려서 어릴 때부터 책을 읽어주기 시작해서 한 2~3년은 그냥 읽어주기만 했습니다. 그런데 제 직장이 강원도 원주여서 서울에 있는 가족들과 떨어져 지내는 시간이 길어졌습니다. 그래서 아이들과 함께 지내는 느낌이 나게 하고 싶은 욕심에 조그만 녹음기에 책을 읽어서 녹음해주었지요. 일명 '찍찍이'라고 하는 미니 카세트로 녹음을 한 다음 MP3로 파일화했습니다.

Q2. 멀리서 녹음까지 해서 들려주셨다니 더 대단하네요. 녹음하는 일이 쉽지 않았을 텐데, 재미있는 에피소드나 힘든 점은 없었는지요?

A. 일주일에 한 번 정도, 4~5시간 이상 걸리는 녹음 작업이었는데 아들이 아빠 목소리를 굉장히 좋아했기 때문에 힘든 줄 모르고 즐겁게 했던 것 같습니다. 에피소드라면, 지금은 대학 졸업을 앞둔 큰아이의 수능 시험 때 국사 교과서를 통째로 녹음을 해줬어요. 아이가 수능 국사 과목 만점을 받고, 아빠 도움을 많이 받았다고 이야기했을 때 기특하기도 하고, 보람도 많이 느꼈답니다.

Q3. 아들이 아빠 목소리 듣는 걸 좋아했다고 하셨는데 어땠나요? 처음부터 잘 들었나요? 아이에게 어떤 점이 좋았는지, 긍정적인 효과는 무엇인지 궁금합니다.

A. 제가 읽는 내용을 따라 읽기도 하고, 책 내용에 따라서는 "그래! 맞아!" 하면서 맞장구도 쳐주며 반응이 상당히 좋았죠. 녹음한 내용을 틈날 때마다 반복해서 듣고 잠들기 전에도 들으면서 잠을 잘 정도였다고 합니다.

Q4. 엄마께서도 남편을 대단하다고 생각하실 것 같아요. 어떤 이야기를 하시던

가요?

A. 사실 우리 가족의 책 읽기의 원천은 엄마의 힘이라고 생각합니다. 엄마가 결혼 전부터 갖고 있던 독서 습관과 집안 분위기로 인해 아이들이 책을 좋아하게 된 것 같아요. 우리 집은 안방, 거실, 아이 방 할 것 없이 책꽂이에 책이 많이 꽂혀 있습니다. 제 책은 거의 없습니다. 하하.

Q5. 그렇게 오랫동안 책을 읽어주시면서 본인이 달라진 점은 없는지요? 아빠도 성장한다고 느끼시거나 어떤 좋은 점이 있었는지 궁금합니다.

A. 책하고는 담을 쌓고 살던 제가 아이들 책을 읽어주면서 책 읽는 게 즐겁고 행복한 일이라는 것을 알게 되었고, 다양한 책을 많이 읽어주면서 지식과 지혜, 교양을 얻을 수 있는 지름길이 책이라는 것을 알게 됐습니다.(정리 / 남윤정 연구원)

친구들을 모아서 같이 읽어준다

부모들이 책을 열심히 읽어주고 아이들도 열심히 들으면 부모들은 뿌듯한 마음이 듭니다. 이렇게 책을 좋아하면 학교에 들어가서 공부도 잘할 거라는 생각에 한시름 놓습니다.

그런데 막상 초등학교에 입학하면 기대 이하의 모습을 보이는 아이들이 있습니다. 책을 읽어주지 않은 아이였던 것처럼 독서능력이 별로입니다. '읽어주기-듣기'가 최고의 방법이라고 강조하는 저로서는 당혹스런 순간이지요.

무엇이 문제였을까요? 그 답을 찾다 보면 게임이나 유튜브 등의 영상매체, 심지어 카톡이나 문자메시지 주고받기와 만나게 됩니다. 학령기 이전부터 충분한 읽어주기를 통해 독서능력을 높였던 아이들도 새로운 놀이에 빠지면서 과거로 회귀하는 경우가 많습니다. 이 새로운 놀이는 매우 자극적이죠. 짧은 순간에 수많은 시청각 정보가 전달되고, 그게 재밌어서 반응을 보이다 보면 이제 아이는 한 가지 이야기에 장시간 주의를 기울이지 못하게 됩니다. 기껏 길렀던 집중력이 한순간에 수포로 돌아갑니다. 부모들도 이런 문제를 잘 알고 있지만 해결책을 찾지 못합니다.

다른 경우도 있습니다. 책을 좋아한다고 소문난 아이인데 독서능력이 낮더군요. 이유를 확인해 보니 책을 전체 맥락으로 접근하지 않고 낱낱의 정보를 습득하는 수단으로 받아들입니다. 이런 아이들은 책을 읽어주면 낱말 뜻을 많이 물어봅니다. 아는 것도 많아 보이고, 물어보면 대답도 잘합니다. 동화는 시시하다고 지식 책을 주로 읽습니다. 어려운 내용을 다루는 책이라 만화 형태라도 부모는 크게 걱정하지 않습니다. 이런 아이들은 구조가 복잡한 이야기, 예를 들어 풍자나 반전이 섞인 이야기는 이해하지 못합니다. 초등 고학년이 될 때쯤 책을 싫어하게 될 가능성이 매우 큽니다.

또 반복해서 읽기를 싫어하고, 오히려 어렵거나 두꺼운 책을 읽으려고 하는 아이들이 있습니다. 어려운 책을 읽으면 아는 게 많아지고, 그런 내용을 말하면 칭찬을 받기 때문이지요. 이런 아이들은 책을 이해하지 못해도 끝까지 읽는 모습 때문에 책을 잘 읽는다고 인정받습니다. 이들이 계속해서 책을 좋아하게 될지는 판단하기 어렵습니다.

아이들을 겨냥한 유혹이 너무 많아 버틸 수 있을지 알 수 없기 때문입니다.

독서능력이 높아지지 않은 또 다른 경우가 있습니다. 아이들이 읽어주는 것 자체에 집중하지 않고 다른 의미로 받아들이는 경우입니다. 엄마가 매일 밥을 차려주고 간식을 준비해주는 것처럼, 책을 읽어주는 노력을 부모의 당연한 의무로 생각하는 것이죠. 아이가 재미있어서 더 읽어달라고 하는데 부모가 바쁘다는 이유로 정해진 시간에 맞춰 끝내면 아이는 책 읽어주기를 의무로 받아들이기 쉽습니다.

더구나 형제자매한테 책을 읽어주는데 한 아이가 듣지 않는다면, 듣는 아이는 나만 해야 하는 의무라고 생각할 것입니다. 또는 자신과 부모의 관계를 배타적으로 과시하고 싶어서, 책에 흥미가 없으면서 부모한테 책을 읽어달라고 하지요. 읽어주기는 애정을 독점하는 수단일 뿐이어서 내용에 몰입하지 않습니다.

이런 다양한 문제를 단번에 해결할 수 있는 방법이 있습니다. 일주일에 한 차례, 친구들을 모아 같이 읽어주는 것입니다. 정 없으면 친구 한 명이라도 좋고, 가능하면 서너 명 데려와서 같이 읽어줍니다. 다른 부모들도 참여해서 돌아가며 읽어주면 더 좋겠지요. 물론 정해진 책을 각자 구해야 해서 약간 부담은 되지만 아이에 따라 미리 읽기도 하고, 듣다만 뒷부분을 마저 읽기도 하면서 책에 더 흥미를 느끼게 되지요.

친구들과 같이 이야기를 들을 때 아이들은 의무라기보다는 재미있는 활동으로 받아들입니다. 또 읽어주는 부모의 눈치를 살피기보다는 반응하는 친구들의 표정이나 태도에 더 주의를 기울입니다. 누가 내용을 안다고 말하거나 어떤 장면에서 웃는다면 다른 아이들도 따라 하는 경우가 많습니다. 이야기를 미리 녹음해서 들려주면서 듣는 아이들의 모습을 관찰할 수 있습니다. 물론 친구들끼리 경쟁시키면 곤란합니다.

친구 모아서 함께 읽어주기는 아이로 하여금 책 자체에 집중하도록 하는 효과가 있습니다. 그렇게 책에 대한 집중력이 생기면 이제 자녀만 두고 부모가 읽어주어도 이제는 다른 데, 예를 들어 부모-자녀 관계보다는 이야기에 조금 더 초점을 두고 듣게 되죠.

지역 청소년들에게 책을 읽어준다

아이가 아직 어릴 때는 세상 모든 부모가 책을 읽어주는 것을 당연하게 생각한다. 그러나 아이들 스스로 책을 읽게 되면서부터 책을 읽는 것은 아이들의 몫이 된다. 그러다 보니 아이들은 점점 책과 멀어지고, 책 읽는 즐거움도 잃게 된다. 다행인 것은 그런 아이들을 위해 관심을 두고 책을 읽어주고자 하는 움직임이 있다는 것이다. 지역 청소년들에게 책 읽어주기를 하는 유자일 선생님도 그중 한 사람이다.

일요일 저녁 8시. 어둠 속을 걸어 아이들이 책을 한 권씩 들고 선생님 집으로 모인다. 이렇게 책을 들으러 온 지도 벌써 1년이 되었단다. 아이를 데리고 학부모가 함께하기도 하고, 10명 가까이 올 때도 있는데 이번엔 형제, 자매 넷이다. 귤 봉지를 들고 온 게 마치 동네 사랑방에 마실이라도 온 듯한 표정이다. 각자 편한 자리를 잡고 잠깐 수다를 떤다.

이번에 읽어주는 책은 김려령의 〈가시고백〉이다. 아이들은 이미 다 읽었는데도 또 읽어달라고 했단다. 중3 여학생과 초등학생 동생은 시선을 고정한 채 이야기를 듣는다. 중2 남학생은 책을 읽으면서 듣고 있고, 푹신한 소파를 차지한 동생도 편한 자세다. 손가락을 만지작거리기도 하고, 가지고 온 귤을 먹기도 하면서 아이들은 이야기 속으로 빠져든다. 욕설 장면이 나오자 한 아이가 웃는다. 웃음은 또 다른 웃음으로 이어진다.

선생님에 이어 중3 여학생이, 그리고 중2 남학생이 차례로 읽어준다. 읽어가면서 장면에 따라 웃음이 섞인다. 한 시간이 금방 흘러갔다. 하지만 그냥 흘러가 버리기만 한 시간은 아니리라.

선생님이 아이들에게 책 읽어주기를 시작한 것은 공부에 쫓기는 아이들에게 공부와 관련 없이 책 읽는 즐거움을 느끼게 해주고 싶은 마음에서였다고 한다. 조용조용한 선생님의 목소리에서 아이들을 생각하는 따뜻함이 느껴졌다. 그렇게 책 읽어주기를 하면서 동네 어른의 역할을 하고 싶다는 생각이 들었다고 선생님은 말씀하신다.

"요즘엔 같은 동네에 살아도 누가 누군지 잘 알지 못하잖아요. 그래서 책 읽어주기를 하면서 동네 형, 동생 같은 관계를 만들어 주고 싶다는 생각이 들었어요."

선생님의 책 읽어주기가 사람들 사이에 하나의 통로가 될 수 있지 않을까 생각했다.

아이들이 책 읽어주기를 들으러 온 것은 부모의 영향이 커 보였다. 중2 남학생 어머니의 이야기를 들어보았다.

"'듣기'의 중요성을 알고 있었기 때문에 일정한 시간을 정해 부모가 아닌 다른 사람이 읽어주는 것도 좋겠다는 생각이 들었죠. 집에서도 엄마가 책을 읽어주기 때문에 아이들은 그냥 일상생활처럼 받아들이는 것 같아요. 자기 수준보다 높은 단계의 책을 읽어줄 때 더 호기심을 갖는 것 같더군요. 언젠가는 읽어주시는 책이 궁금해서 미리 사서 읽기도 했어요."

책에 대한 부모의 관심이 자연스럽게 아이들에게 전달된 것으로 보였다.

그렇다면 아이들은 어떨까? 책 읽어주기를 들으면서 책도 더 많이 읽게 되었고, 돌아가면서 읽기 때문에 발음도 좋아졌다는 아이도 있고, 선생님이 읽어주면 내용도 더 잘 기억나고, 들으면서 좀 더 생각할 수 있어서 재미있다는 아이도 있다. 듣기를 하면서 집중력이나 학습 태도도 좋아졌다고 한다. 물론 선생님 댁까지 꽤 시간이 걸리고, 가끔 저녁을 많이 먹고 올 때 졸음이 밀려와 힘들 때도 있단다. 그러면서도 아이들은 즐거운 얼굴이다.

책 읽어주기를 하면서 어려움은 없는지 물었다.

"집 주변 아이들이 많이 왔으면 하는 바람이었어요. 그런데 생각대로 되지 않아서 아쉬워요. 재미를 알면 지속해서 이어질 텐데 그걸 모르는 것 같아요. 공부에 쫓기는 아이들에게 잠시 쉬어가는 짬을 만들어 주고 싶은데……."

선생님의 목소리에서 아쉬움이 묻어난다. 그러면서 매끄럽게 읽어주지 못해서 아이들에게 미안하다고 선생님은 조용히 웃으신다. 그리고 아이들에게 책 읽어주기가 어른들의 독서에까지 연결되었으면 하는 바람을 덧붙이신다.

일요일 저녁 8시. 아파트 거실에서는 텔레비전의 윙윙거리는 소리가 아닌, 선생님이 아이들에게 책을 읽어주는 소리가 들렸다. 선생님의 책 읽어주는 소리가 큰 울림이 되어 더 많은 아이가 공부에 대한 스트레스에서 벗어나 잠깐이라도 숨을 돌릴 수 있는 통로가 되기를 바란다. 아이들에게 책 읽어주기를 하고 계신 선생님은 충분히 동네 어른의 역할을 하고 있다는 생각이 들었다. 선생님은 다음 일요일에도, 그다음 일요일에도 아이들에게 책을 읽어주고 계실 것이다.(임강숙 연구원)

3
장

독서 집중력을 높이는 두 번째 방법, 동화와 소설 읽기

긴 시간 몰입해서 좋은 소설을 읽는다

왜 하필 소설인가?

아이들이 소설을 읽을 때 많은 부모가 '숙제 다 했니?' 또는 '일찍 자라.' 하면서 간접적으로 못마땅함을 드러냅니다. 그렇지만 한 연구(권은경, "독서 태도와 읽기 성취도 분석이 시사하는 학교 도서관 독서 교육의 방향 – 중학교를 중심으로" 한국도서관정보학회지 43권 제4호, 2012.)에 따르면 소설을 읽은 아이들의 읽기 성적은 비소설(지식 책)을 읽은 아이들과 차이 나지 않습니다. 왜 그럴까요?

소설이 독서능력을 향상시키는 이유는 몰입 때문입니다. 책 읽기가 영상매체나 친구와의 놀이만큼 재미있지 않다는 것은 인정합니다. 그렇지만 소설은 공부할 때보다 훨씬 집중해서 읽을 수 있습니다. 이때의 집중은 소설책을 집어 든다고 저절로 되는 것은 아니고, 1) 아이가 어느 정도 읽기 역량을 갖춘 상태에서 2) 스스로 애쓸 때 가능하죠. 운동경기를 즐기거나 레고 블록 맞추기를 할 때의 집중과는 다릅니다. 이건 애쓰지 않아도 저절로 빠져드는 것이므로 '중독'에 가깝죠.

소설은 비소설과 비교해 등장인물이 다양합니다. '왕따'를 다룬 소설은 가해자, 피해자, 방관자들이 나오는데 학교가 배경이라면 교사, 학생, 학부모들이 이런 역할을 맡습니다. 비소설에서 이런 차이들이 사람 대신 찬반 논리로 대체되는데 아이들이 이를 구체적 경험으로 받아들이기 힘듭니다. 아이들은 소설을 읽으면서 주인공을 포함해서 등장인물에 감정을 이입하고 자신과 동일시합니다. 독자의 생각이 커질 수 있는 여지가 주어집니다.

또 소설은 비소설과 달리 하나의 '완결된 세계'를 전제합니다. 시간과 공간이 정해지고, 인물들은 제각각의 성격을 갖고 기승전결, 혹은 발단-전개-위기-절정-결말처럼 하나의 흐름을 따라 이야기를 만들어갑니다. 모든 소설은 결말을 향해 나아갑니다. 중간에 그치면 다 읽었다고 말할 수 없는 대표적인 장르입니다.

이런 특성 때문에 소설은 소설 외에 다른 설명 장치를 필요로 하지 않습니다. 소설 안에 모든 게 주어져 있고, 그 안에서 답을 찾아야 합니다. 그래서 한 번 읽어서 파악이 안 되면 되풀이해서 읽으며 조금씩 이해를 높입니다. 반면 비소설의 경우, 이 책이 아니면 다른 책을 읽으면서 이해를 높여도 무방합니다. 또한 비소설은 대개 해당 주제를 특정 관점에서 접근하기 때문에 한 권으로는 주제의 전체 모습을 파악하는 게 불가능합니다. 그래서 여러 권의 유사 도서를 읽으며 지식을 확충해야 하죠. 반면 소설은 다른 책을 필요로 하지 않으며 그 자체로 하나의 독립된 세계가 됩니다. 소설 밖으로 나갈 필요가 전혀 없죠.

그래서 소설은 집중력, 기억력 향상은 물론 장악력을 높이는 한 권 독서에서 매우 중요한 자리를 차지하게 되죠. 한마디로 독서능력을 높이는 데 이보다 좋은 교재는 없다는 말입니다.

소설을 통해 긴 글을 이해하는 능력을 높인다

소설은 기승전결, 또는 발단-전개-위기-절정-결말 등 여러 방식으로 구성됩니다. 소설을 읽고 전체 내용을 기억하거나 이해하기 위해서는 이런 구성에 익숙해야 합니다. 즉 앞 내용을 기억해서 뒤 사건과 연결시켜야 하고, 하나의 사건을 이해하기 위해서는 앞뒤의 사건을 고려해야 합니다. 결말 때문에 앞 내용을 달리 해석해야 되는 소설도 많습니다. 또 아이들이 읽는 소설은 대체로 성장 소설의 성격을 띠고 있어서 주인공의 성격은 이야기 전개와 더불어 달라진다는 점을 염두에 두어야 합니다.

물론 비소설에도 구성이 있습니다만 대개는 소설적 흐름을 차용하지 않죠. 예컨대 과학은 저자가 중시하는 주제나 독자가 흥미를 느낄 만한 주제를 우선적으로 나열하는 형태(병렬식)로 배치되어 있고, 논리적인 설명은 세부 지식에 국한되어 있습니다. 시간의 흐름을 다루고 있는 역사책 역시 종종 여러 사건 사이의 상관관계를 생략한 채 펼쳐집니다. 비소설에는 중간부터 읽어도 얼마든지 이해가 가능한 책들이 많다는 얘기입니다. 그래서 비소설에 나오는 지식은 단편적으로 흡수해도 '제대로 읽었다'는 느낌을 갖게 만듭니다(단편적 지식을 전달하는 책인지 아닌지는 둘째 치고).

소설책을 읽듯이 책 한 권을 하나의 유기체로 받아들여 이해하는 방식은 학령이 높아질수록 중요해지죠. 고등학생이 되었는데 지식을 총체적으로 연결시키지 못하고 단편적인 정보를 암기하는 수준에 그친다면 공부는 점점 힘들어집니다. 단편적 정보라도 달달달 외우면 되지 않을까 싶겠지만 체계가 없기 때문에 시험을 치를 때 빠르고 정확하게 찾는 것이 어렵습니다. 습득한 지식이 질서 없이 엉켜 있기 때문에 벌어지는 일이죠. 이런 아이들은 특징이 있습니다. 힌트를 주면 대답이 술술 나오지만 연결고리가 될 만한 그 어떤 암시도 주지 않으면 엉뚱한 대답을 늘어놓습니다.

요즘은 처음-가운데-끝 같은 기본적인 구성도 몸에 익히지 못한 아이들이 제법 많습니다. 왜 그럴까요? 아마 어려서부터 옛이야기나 동화를 건너뛰고, 역사책이나 과학책을 읽혔기 때문이 아닐까요? 처음부터 지식 책을 접한 아이는 단편적인 사실에 주목하여 책을 읽어가는 데 익숙해집니다. 책 자체가 그렇게 읽어도 무방한 경우가 많으니까요. 반면 옛이야기나 동화를 먼저 접한 아이들은 중간에 일부 내용이라도 건너뛰면 어느 순간 이해가 막히는 때가 온다는 사실을 알고 전체를 기억하려고 자신도 모르게 애를 쓰겠죠.

소설 읽기는 이외에도 중요한 장점이 있습니다. 창의력을 평가할 때 '본인의 주장이나 논거가 지니는 배경이나 맥락, 숨겨진 전제나 가정' 등을 찾아 여기에 관한 생각을 전개하라고 합니다. 아이들이 읽는 과학이나 역사에 나오는 내용에 대해 이런 논의 전개를 하는 것은 대단히 어렵습니다. 그저 이해하고 그것도 부족하면 암기할 따름이지요.

반면 소설에서는 배경이나 맥락이 어떠한지 생각할 수 있고, 숨겨진 전제나 가정을 찾아볼 수 있습니다. 이를테면 〈아우를 위하여〉(황석영)는 불의에 저항하는 주인공의 이야기가 전개됩니다. 〈우리들의 일그러진 영웅〉(이문열)은 표절 시비가 붙을 정도로 흡사한 구성을 보여주고 있습니다. 주제까지 비슷하다고 말하는 사람도 있습니다(반경환, 〈이문열의 우리들의 일그러진 영웅을 고발한다〉 참조.). 그렇지만 앞 책에서 주인공 김수남은 '진보와 사랑'을 배웠다고 하고("이제 와 생각하니 그이는 진보의 의미와 사랑의 가치를 내게 가르쳐 주었던 거야." 다림출판사, 17쪽), 뒤 책에서 주인공 한병태는 '자유와 합리'를 배웠다고 말합니다["그때껏 내가 옳다고 배워 온 것들(어른들 식으로 말하면 '합리와 자유')에 너무도 그것들이 어긋나기 때문이었다." 다림출판사, 25쪽]. 이런 낱말을 통해 우리는 작가의 숨은 전제를 찾아볼 수 있습니다.

일부 아이들이 판타지를 좋아하고 생활 동화를 싫어하는 이유는 이런 시공간의 배경에 따라 해석하는 것이 힘들기 때문일 것입니다. 심지어 현대판 〈삼국지〉 같은 책은 삼국지 당시의 시대 배경을 바탕으로 이해해야 하는 부담에서 벗어나 현대인의 처세술 같은 의미를 지니고 있을 때 쉽게 읽히는 것이지요.

한 소설에 나오는 같은 인물, 같은 사건 전개를 읽고 다르게 해석할 수 있는 것은 이런 배경이나 전제를 어떻게 파악하느냐에 달려 있습니다. 이런 접근 방법으로 인해 책을 깊게 이해하고 생각할 수 있는 능력이 생기는 것이지요.

소설 중심의 수업으로 기른 능력은 꽤 큰 나의 강점

* 아래 사례들은 저와 같이 공부하여 지금은 대학생이 된 아이들의 글입니다.
소설 중심 수업의 장단점에 대해 간단하게 글을 써달라고 부탁했습니다.

소설 중심 수업의 장점은 수업을 통해 기를 수 있는 능력이 많다는 것이다. 비소설, 비문학 작품은 지식습득, 독해력을 올려주지만 소설은 기본적으로 창의력을 높여주고 부가적인 활동을 통해서 글쓰기 방법, 더 깊게 생각하는 법을 알려준다. 또한 조금 어려운 내용의 문학을 읽으면 독해력 역시 꽤 상승한다는 느낌을 많이 받았다. 소설 중심의 수업은 독해력이 많이 요구되지 않는 시기인 유년기, 그리고 중학교 정도까지는 최고의 수업이다. 지루하지 않은 내용으로 집중해서 읽을 수 있으며 독서가 하나의 일이라는 생각이 들지 않고 취미활동 일부로 여겨진다. 어려운 내용은 아니지만 이렇게 글을 접하면 확실히 글쓰기 실력이 늘고 말을 정리하는 능력 역시 키워진다. 이때 키운 능력은 고등학교, 그리고 졸업 후 대학에서도 엄청난 역할을 해서 당시 소설 수업을 들은 것에 감사하는 편이다.

고등학교에 들어가면 비문학 위주의 수업, 그리고 비문학 지문을 많이 접하게 된다. 그렇다면 이때까지 했던 소설 중심의 수업은 다 쓸모가 없는 것일까? 전혀 아니라고 답하고 싶다. 나 같은 경우에는 소설을 읽으면서 책을 읽는 속도가 빨라졌다. 하지만 이는 반대로 조금 덜 꼼꼼하게 책을 본다는 뜻일 수도 있다. 그래서 비문학 지문을 처음 접했을 때 놓치고 가는 부분이 많아서 애를 먹었던 기억이 있다. 하지만 반복하면서 익숙해진 후에는 빠르게 읽으면서 중요한 부분을 알아챘기 때문에 모의고사나 수능에서는 유리한 위치를 차지할 수 있었다고 생각한다. 물론 일반적인 비문학 책은 천천히 읽는 게 맞지만 말이다. 그래서 전체적으로 정리하자면 소설 수업을 통해 수많은 능력을 기를 수 있었고 이는 현재까지도 꽤 큰 나의 강점으로 자리하게 됐다.

소설 중심 수업의 단점이라고 한다면 나는 딱히 없다고 말하고 싶다. 물론 있겠지만 장점이 워낙 크기 때문이다. 하지만 굳이 아쉬운 점을 뽑으라고 한다면 책을 빨리 보게 된다는 점을 들 수 있을 것 같다. 어릴 때부터 소설을 반복해서 읽다 보니까 글자가 눈에 익었고 편한 내용의 소설은 그냥 술술 넘겼기 때문에 조금 어려운 내용의 책을 마주하게 되면 어느 순간 내용을 놓쳐버릴 때가 있었다. 그리고 나의 경우에 비춰봤을 때 소설에 익숙해진 나머지 스스로 비문학 책을 피하는 경향이 짙어졌다는 점 역시 단점이라고 볼 수도 있을 것 같다. 이 정도가 굳이 말하자면 단점인 것 같다. (○○원, 스포츠산업학과 2년)

성장 과정을 다룬 소설을 읽힌다

사람은 직간접경험을 통해서 많은 것을 배웁니다. 그런데 직접경험은 반복되는 일상 때문에 한계가 뚜렷합니다. 아이들의 생활은 더 단순하지요. 이 한계를 넘기 위해 우리는 간접경험에서 배우려고 합니다. 가장 손쉽게 접할 수 있고 동시에 매우 유용한 수단이 책입니다. 책을 통해서 우리는 삶을 낯설게 바라보고 재해석합니다. 책이라는 신선한 자극을 통해 일상의 먼지를 뒤집어 쓴 낡은 시선의 벽을 깨뜨리고 새벽 같은 얼굴로 거울을 들여다보죠. 그렇게 직접경험의 한계를 극복합니다.

간접경험의 대상은 물론 책만은 아니죠. 어른들의 말씀도 있고, TV

등의 영상 자료도 있습니다. 그런데 삶을 돌이켜 보도록 만드는 힘은 영상매체보다 책이 더 강합니다. 영상매체는 매체의 특성 때문에 아이들이 능동적으로 생각하기가 쉽지 않습니다.

책 중에서도 지식 책보다 소설이 적합합니다. 왜냐하면 소설에서는 다양한 사람들이 저마다의 성격을 갖고 활동하면서 어떤 사건에 대해 서로 다른 입장과 해결책을 모색하기 때문입니다. 다만 판타지나 추리소설은 주인공이 이미 가진 능력으로 문제를 해결하기 때문에 성장이 엿보이지 않습니다. 이에 비해 창작 소설은 주인공이 사건을 해결하면서 성장합니다.

아이들은 이런 창작 소설을 많이 읽어야 합니다. 현실의 삶은 반복적이면서도 동시에 일회성이어서 반성하기가 쉽지 않고, 사건이 얽혀 있고 인물도 끝없이 연결되어 있습니다. 발단과 결말도 없습니다. 반면 소설은 딱 필요한 인물로 제한되고 인물의 성격 역시 비교적 뚜렷합니다. 반복해서 읽다 보면 사태가 저절로 밝혀지고 그에 따라 생각을 정리할 수 있습니다.

아이들은 자기 일상과 동떨어진 내용을 잘 이해하지 못합니다. 그래서 먼 과거나 낯선 문화를 배경으로 하는 이야기보다는 자신이 속한 시공간이나 비슷한 문화적 배경을 바탕으로 삶의 이면이나 다른 가치 등을 이야기하는 책에서 깨달음을 얻기가 수월합니다.

또 어른들이 주도하는 청소년 소설이 아니라, 아이들 시각에서 세상을 바라보고 아이들이 문제를 해결하려고 노력하는 소설이 좋습니다.

이런 과정을 거쳐 아이들이 서로 협력하고 성장하는 모습을 보이면서 주변 관계까지 변화되면 더 좋겠지요.

아이들에게는 입양이나 죽음 등 어른들의 문제를 다룬 소설보다는 왕따, 우정, 가족 관계 같은, 아이들이 직간접으로 접할 수 있는 문제를 다룬 소설이 필요합니다. 실제로 두 종류의 책을 읽을 때 아이들의 반응은 다릅니다. 조은 작가의 〈동생〉처럼 부모가 남매를 차별하는 책이나, 김우경 작가가 쓴 〈수일이와 수일이〉처럼 자신의 정체성을 위협하는 책을 읽을 때 아이들은 자신의 삶을 투영하고 흥분하면서 감상을 얘기합니다. 이에 비해 고정욱 작가의 〈아주 특별한 우리 형〉이나 이금이 저자의 〈밤티마을 큰돌이네 집〉 같은 책을 읽은 후에는, 장애나 입양에 대해 자기 생각을 표현할 만한 경험이 없기 때문에 주제에서 한 걸음 떨어져서 차분히 얘기하죠.

책을 통해서 타인을 이해하고 세상을 알아가는 것도 중요합니다. 그러나 무엇보다 아이들이 자신들의 삶을 들여다보도록 해주고, 나아가 이를 표현하도록 권장하는 게 더 중요합니다.

아이들은 표현에 서툽니다. 엉뚱하게 생각하는 아이들도 많죠. 그러나 생각이 없는 아이는 없으며, 어떤 엉뚱한 생각도 결코 틀린 것은 아닙니다. 아이들은 어른들과 다른 형태로 생각을 합니다. 단지 표현할 수 있는 기회가 부족했던 것이죠.

아이들도 살아가면서 이해되지 않는 것들이 많을 것이고, 또 다른 사람과의 관계를 어떻게 맺어야 할지 힘들어할 것입니다. 요즘처럼 자기 고민을 부모 또는 친구와 나누기 어려운 시대에, 소설은 간접적으로나마 숨통이 트이는 시간을 만들어줍니다. 어쩌면 소설을 읽을 때 자기만의 세계 속에 묻혀서 사고할 수 있어서, 오히려 자신의 고민을 정리하고 끊임없이 연습할 기회가 될 것입니다. 그렇다면 그런 계기가 올 때까지 다소 소설 읽기를 강제할 필요가 있습니다.

통념과는 다른 생각

장점

1. 자아정체성 확립 및 문제해결력 기르기

소설 속에는 성장 과정 또는 사건을 해결하는 과정이 드러난다. 그 속에서 인물들은 자신을 둘러싼 문제를 각자의 독특한 개성과 사고 양식으로 헤쳐가게 된다. 독자는 이를 하나의 경험으로 쌓게 되고 새로운 자아, 행동 양식으로 받아줄 것이다. 그러면서 자신만의 정체성을 발견하려 노력하게 되고 더 나아가 소설 속 주인공처럼 닥쳐오는 문제를 스스로 해결해 나갈 수 있는 역량도 기를 수 있다고 생각한다. 이처럼 소설 속 등장인물은 독자에게 자아를 확립하게 하고 시야를 넓혀 문제해결력을 높여줄 수 있다.

2. 사고의 틀 다지기

소설의 5단계 구성은 독자가 의문을 품게 한다는 점에서 생각을 키울 수 있다. 특히 전개, 위기, 절정에서 인물들의 행동에 대해서 연쇄적으로 의문을 갖고 그것에 답을 하는 것은 스스로 인물들의 여러 처지를 생각하게 한다. 특히 무언가가 상충하는 상황일 때는 자신만의 방식대로 답을 내리게 된다. 여러 인물의 입장에서의 다양한 이해타산적인 생각들, 여러 감정을 추리해내는 능력도 같이 신장할 수 있을 것이다. 이런 경험은 토론에서도 잘 활용될 수 있어 상대의 주장과 근거를 이해한 후, 반박하거나 허점을 노릴 때 유용하게 쓰일 것으로 생각한다. 이처럼 소설의 구성은 독자가 성장하는 데 있어 사고의 기틀, 사고의 힘을 다진다는 장점이 있다.

1. 통념과는 다른 생각

사고의 틀을 다지는 것이 장점이 될 수 있지만, 공부하는 데 있어서 정의된 약속 및 개념을 배울 때 잘 받아들여지지 않는 경우가 있다. 가령, 너무나 많은 의문이 들거나 심한 경우 자신의 마음대로 개념을 이해해버려서 나중에서야 오개념임을 인식할 수도 있다. 나는 이것이 '의문을 갖고 텍스트를 접하느냐?'에 따른 차이라고 생각한다. 비소설이 가진 정보전달이라는 속성, 가령 설명문은 대개 주어지는 대로 타당함을 전제하고 읽게 된다. 하지만 소설은 행동을 예측하거나 왜 그런 행동을 했는지 인과관계를 한 번 더 생각해 보는 일이 많고 그러기 위해서는 자신만의 생각이 있어야 한다. 주어지는 대로 수용하기보다 재구성하고 생각의 시동을 거는 소설 읽기는 우리나라의 강의식 수업에서 힘들어할 우려가 있다고 생각한다. 이런 경우에는 약속한 용어, 정의된 이론임을 분명히 하고 교과서를 읽어 나가는 것이 중요하다고 생각한다. (○○현, 교대 1년)

소설 읽기를 낭비라고 생각한다면 비소설과 연결해서 읽는다

책을 싫어하거나 대충 읽는 아이들은 하나같이 왜 책을 읽어야 하느냐고 항변합니다. 특히 성적이 잘 나오는 아이들이 더 그렇죠. '학교 공부 때문에 시간이 없다, 교과서와 관련된 책을 읽기도 바쁘다, 왜 성적과 관련 없는 책을 읽어야 하느냐'고 말입니다.

이런 아이들은 어쩌다 책을 읽어도 '생각'을 하지 않습니다. 또 자신의 삶에 견주지 않고 자신의 일상을 돌이켜 보지 않습니다. 책은 지식 습득의 수단일 뿐이고, 굳이 삶의 교훈을 얻겠다는 생각으로 책을 펼쳐들지 않습니다.

그렇지만 납득하기 힘든 친구의 행동에 대해, 또는 가족 내의 관계 변화에 대해, 아니 자신의 통제하기 어려운 충동에 대해 고민이 생기면 어떻게 하나요? 예전 같으면 가깝게 어울리는 사람과 대화를 나누면서 어깨도 빌리고 힘도 냈지만 요즘 아이들은 그렇게 고민을 주고받을 선배나 어른들을 찾기 어렵습니다. 그렇다고 책에서 해결의 실마리를 찾으려고도 하지 않죠.

아마도 그 아이의 마음에는 '책은 시험을 위해 필요할 뿐 인생에는 별로 유용하지 않다'는 생각이 잠재되어 있기 때문일 겁니다. '사람이 책을 만들고 책이 사람을 만든다'는 말의 의미도 모른 채 둘 사이에 커다란 벽을 세워 두고 살아가는 것이죠. 그 때문인지 이 아이들은 책에서 제기하는 문제의식을 자신의 고민과 연결시키지 않습니다. 아이들이 쓴 글을 보면 분명 고민이 있는 것 같은데 그 어디에서도 도움을 구하려고 하지 않는 것 같아 안타까울 때가 많습니다.

만일 소설 읽기를 시간 낭비라고 생각하고 비소설을 주로 보는 아이들이 있다면 소설과 비소설을 연결해서 읽는, 일명 '엮어 읽기'를 시도해 볼 수 있습니다. 예를 들어보지요.

〈거리의 아이들〉은 작가 다마리스 코프멜이 브라질에서 경험한 내용을 토대로 쓴 소설입니다. 대강의 줄거리는 이렇습니다.

'동생들과 함께 보육원에서 자란 한 아이가 부당한 대우를 참다못해 홀로 탈출한다. 거리에서 시작된 두 번째 삶은 결코 녹록치 않았다. 보호막과 터전이 없는 이 아이는 범죄의 유혹을 받는다. 그러나 다행히 몇몇 선한 이의 도움을 받아 일터를 갖게 된다. 동생들과 같이 살게 될

날을 기대하면서 성실히 일한다. 어렵게 자리를 잡은 주인공은 동생들을 만난다. 그런데 동생들은 형이 그동안 우리를 찾아오지 않았다며 외면한다.'

이 소설 속에는 우리 아이들이 믿기 어려운 점이 한둘이 아닙니다. '왜 보육원에서 부당하게 대우할까? 아이인데 왜 범죄에 가담하지 않으면 살기 어려울까? 그런 아이를 도와주는 사람이 있을까?' 등등. 그래서 이 소설을 허구라고 치부하고 넘어가죠.

이때 '엮어 읽기'를 위해 같이 읽으면 좋은 책을 권합니다. 예를 들어, 〈사라지는 아이들〉(로버트 스윈델스)은 거리의 부랑자들을 쓰레기라고 하면서 한 명씩 죽이는 내용을 담은 소설입니다. 또 동명의 제목 〈거리의 아이들〉은 치 쳉 후앙이라는 하버드 의대 졸업생이 볼리비아에서 직접 의료 봉사를 하면서 겪은 일을 글로 옮긴 책입니다. 〈괴짜 사회학〉(수디르 벤카테시)은 사회학자가 쓴 글로, 시카고의 공영주택단지를 배경으로 마약 판매 갱단이 도시 최하층을 어떻게 지배하고 있는지 다룬 보고서입니다.

반대로 비소설을 읽은 뒤에 소설을 찾아서 '엮어 읽기'를 하는 방법도 좋습니다. 예를 들어 저널리스트인 바버라 에렌라이크가 빈곤 현장에 참여해서 쓴 〈빈곤의 경제〉이라는 책이나 교육학자 조너선 코졸이 빈민가 아이들과 25년 동안 만남을 기록한 〈희망의 불꽃〉을 읽었다면 〈괭이부리말 아이들〉(김중미)을 같이 읽으면 '가난'을 좀 더 가깝게 경험하는 데 도움이 됩니다. 단지 암기하는 지식이 아니라 지금 어디선가 벌어지고 있는 삶의 모습으로 받아들일 수 있다는 얘기입니다.

만일 '전쟁'을 주제로 삼았다면 비소설 〈당신도 전쟁을 알아야 한다〉(크리스 헤지스)를 먼저 읽히고 '엮어 읽기'로 전쟁의 후유증을 이야기하는 〈태양의 아이〉(하이타니 겐지로), 전쟁의 비참함을 경험한 소녀의 이야기를 다룬 〈나무 소녀〉(벤 마이켈슨)를 같이 읽습니다. 영화보다 더 생생한 전쟁의 참상을 보려면 헤밍웨이의 〈누구를 위하여 종을 울리나〉나 조지 오웰의 〈카탈로니아 찬가〉가 좋죠. 만일 좀 더 이론적인 접근이 필요하다 싶으면 〈미국의 엔진, 전쟁과 시장〉(김동춘)을 추천합니다. 진 메릴이 쓴 〈손수레 전쟁〉도 같이 보면 좋습니다. 전쟁이 어떻게 일어나는지 알려주기 위해 소설 형태로 쓴 책입니다.

이처럼 같은 소재를 두고 소설과 비소설을 넘나들며 읽을 때 추상적인 지식이 구체화하고, 교과서적 지식이 우리 삶과 연결될 가능성이 열립니다. 지식이 우리 삶 속에서 재탄생하는 즐거움을 맛볼 수 있습니다.

소설만 읽어도 될까 하는 불안감

스키마에서 읽는 책은 주로 문학이다. 초등학교 때 스키마를 처음 시작할 무렵에는 별생각 없이 그저 재미에만 초점을 맞춰 소설책을 읽었다. 그러나 중학교 때, 처음으로 '내가 소설만 읽어도 될까?' 하는 불안감이 엄습했다. 소설만 읽어서는 나의 독해력과 사고력에 도움이 되지 않는다고 생각했다. 아마 소설 읽기가 비소설 읽기의 이전 단계라는 생각과 함께 이제 비소설도 잘 읽을 수 있다는 오만한 생각을 품고 있었던 것 같다. 그런 태도를 보이고 스키마와는 별개로 소설이 아닌 과학 분야의 책을 읽어 보려 했으나 전혀 흥미가 느껴지지 않았다. 스키마에서 주로 하는 '의문 갖기'가 비문학에는 통하지 않는다는 생각이 들었다. 그런 생각은 나에게 더 큰 불안감을 안겨주었고, 그 무렵 중학교를 졸업하면서 스키마 수업을 그만두었다.

그러나 나의 불안감을 보기 좋게 무시하듯 고등학교 국어 공부에서 비문학이 문제가 되었던 적은 거의 없었다. 물론 문과를 선택한 나에게 있어서 과학, 기술 분야의 글은 생소하고 잘 읽히지 않았다. 그러나 고등학교 3학년, 모든 글을 읽을 때 반응하며 읽는 것을 시도하면서 핵심은 '호기심을 갖고 읽기'에 있다는 점을 깨달았다. 즉 그 글이 다루고 있는 분야와 상관없이, 글을 읽는 나의 태도가 중요하다고 생각하였다. 그런 점에서 비소설이 아닌 소설로 진행하는 스키마의 수업방식에 큰 단점이 있다고는 볼 수 없을 것 같다. 물론 비소설을 읽는 것과 소설을 읽는 것이 근본적으로 다르다는 뜻에서 접근한다면 소설 읽기가 현재의 입시제도 아래에서는 불안감을 일으킬 수도 있다는 우려가 있지만, '글을 대하는 태도'에 초점을 맞춰야 한다고 생각한다. (○○현, 사회학과 1년)

소설이 읽기 능력 향상에 도움이 된다는 각종 증거들

대구대 문헌정보학과 교수 권은경의 독서 자료의 유형과 읽기 성적에 관한 논문("독서 태도와 읽기 성취도 분석이 시사하는 학교도서관 독서 교육의 방향 – 중학교를 중심으로", 2012)를 보면 흥미로운 대목이 등장합니다. 권은경 교수는 읽는 책의 종류를 비소설, 소설, 잡지, 만화 등 총 4가지로 구분한 뒤 이 책들을 읽는 아이와 읽지 않는 아이의 '읽기 성적'을 비교하죠('읽기 성적'이란 독서능력이라고 봐도 무방할 것 같습니다.). 우리나라 학생은 어떤 결과를 보일까요?

▼ 독서하는 책의 유형별 읽기 성적(우리나라)

	읽는 학생의 점수	읽지 않는 학생의 점수	점수 차이
비소설류	562점	530점	32점
소설류	556점	526점	30점
잡지류	539점	540점	–1점
만화류	534점	543점	–9점

비소설류와 소설류를 읽는 학생은 읽지 않는 학생보다 점수가 높게 나옵니다. 반면 잡지류는 큰 차이 없고, 만화의 경우는 읽지 않는 아이가 성적이 더 높게 나옵니다. 그리고 우리의 관심사인 비소설류와 소설류를 비교해 보면 소설류를 읽은 아이보다 비소설류를 읽은 아이의 성적이 6점 정도 높게 나온다는 사실을 알 수 있습니다. 이 데이터만 보면 기왕 읽힐 거라면 비소설류를 읽히는 게 낫다고 판단됩니다. 그런데 OECD 자료에서는 다른 결과가 나옵니다.

▼ 독서하는 책의 유형별 읽기 성적(OECD 평균)

	읽는 학생의 점수	읽지 않는 학생의 점수	점수 차이
비소설류	513점	492점	21점
소설류	533점	480점	53점
잡지류	501점	486점	15점
만화류	492점	495점	–3점

어떤가요? 결과가 조금 다릅니다. 우리나라에서는 읽어도 독서능력 향상에 별 도움이 안 되었던 잡지가 OECD 평균으로 보면 그래도 조금은 도움이 된다는 사실도 주목을 끕니다만, 무엇보다 소설류를 읽은 아이들이 읽지 않은 아이보다 53점이나 높게 나온다는 점, 나아가 비소설류를 읽는 아이들보다 점수가 20점이나 높다는 점도 눈에 띕니다.

이런 결과는 우리 상식과 다릅니다. 우리는 흔히 소설보다는 비소설을 읽는 아이들이 지적 능력이 더 뛰어날 것이라고 생각합니다. 아니, 소설 읽는 것을 어떤 식으로든 '두뇌 개발'이라는 차원에서 바라보지 않고 있죠. 그러나 결과는 우리 상식을 깨뜨립니다. 물론 비소설이 도움이 되지 않는다는 뜻은 절대 아니지만 소설을 읽는 아이들이 도리어 글을 잘 읽는다는 점을 시사하죠. 글을 잘 읽는다는 말은 우리 아이들이 그토록 갖기를 바라는 '문제를 읽고 이해하는 능력'과 관련이 없을까요?

흔히 소설은 재미가 있기 때문에 몰입할 것이라고 여깁니다. 물론 틀린 말은 아니겠지만 저는 한 가지 더 중대한 이유가 있다고 생각합니다. 독후활동이 상대적으로 적다는 이유죠. 많은 독서 활동이 평가나 점검으로 마무리되기 때문에 아이들은 책 읽기를 부담스러워합니다. 특히 비소설의 경우 학교 공부의 연장으로 간주하지요. 흔히 '교과서와 연계된~', '교과서에 수록된~' 등의 제목이 붙은 책이 그렇죠.

물론 부모님들 입장에서는 공부와 관련 없는 독서를 권하기가 쉽지 않습니다. 또한 책을 사주거나 빌려온 뒤에는 제대로 읽었는지 확인하고 싶고, 핵심 주제나 중요한 지식을 짚어주고 싶죠. 이런 이유로 독후활동을 강제하거나 우선시하게 됩니다. 그런 이유 때문에 아이들은 책 읽기가 부담스러워지면서 몰입도가 떨어지고, 독서효과도 반감됩니다.

전북 이리여자고등학교에 근무하는 사서 교사 김성준의 독서 실태 조사("학생 독서능력에 대한 독서환경, 독서경험, 독서교육의 영향 관계에 관한 연구", 2014)를 보면, 독서능력에 미치는 요인으로 독서 교육보다 독서 경험이 상당한 영향력을 발휘하는 것으로 나타났습니다(그가 말하는 독서 교육은 '독서 교육 활동의 참여 정도', '독서 교육 활동의 만족도', '교사의 영향', '학부모의 영향', '친구의 영향'을 의미하고, 독서 경험은 '독서량', '독서 시간'을 뜻합니다.). 이 조사 결과에 따르면 독서 교육 활동에 많이 참여한 것보다 많은 시간 많은 양의 독서를 한 아이들의 독서능력이 높습니다. 아시다시피 독서 교육 활동에서 중심이 되는 일은 '독후활동'입니다. 학생의 과제물이 있고, 교사의 평가가 있죠. 뜻밖에도 독후활동이 독서효과를 떨어뜨린다는 간접 증거입니다.

이렇게 통계로, 설문조사로, 이론적으로 독서 자체가 독후활동보다 중요하다고 밝히고 있음에도, 학교에서 수행 평가 등으로 점수를 매겨 비교한다면 편하게 독서를 하기가 쉽지 않을 것입니다. 예전보다 많이 줄었지만 그래도 아이들은 부모 몰래 소설을 읽습니다. 아마도 만화나 판타지나 장르 소설이겠지만. 그래서 소설에 대한 긍정적 시선이 필요한 때입니다. 만일 부모님이 소설 읽기에 찬성한다면 아이들이 음지에서 몰래 훔쳐보던 일을 멈추는 것은 물론, 성장 소설처럼 '좋은 소설'을 접할 수 있습니다.

남은 건 부모님들의 믿음입니다. 만일 1) 내용을 파악했는지 평가하거나 확인하지 않고 2) 집중해서 읽도록 환경을 만들어주고 3) 소설을 읽는 시간을 충분히 제공하고 아이도 따라와 준다면, 장기적으로 독서능력이 높아질 것이라고 믿어볼 필요가 있다는 뜻입니다.

몰입으로
능동적 독서가 가능하다

비소설의 경우, 사실적인 지식을 일방적으로 주입하는 경우가 많은데, 이러한 독서는 책 자체에 빠져들기 어렵다. 하지만 소설은 실제 같은 상황을 연출하기 때문에 마치 그 소설에 들어간 듯한 경험을 종종 할 수 있다. 이러한 경험은 독서 자체에 흥미를 갖게 한다.

단점으로 독서의 효용이 오락 수준에 머무를 수 있다. 독서 수준과 시기에 따라 다르겠지만, 판타지 소설을 포함한 여러 소설은 현실적인 문제에 비판적인 시각을 제시하기보다는 단순히 재밌는 내용에 그칠 수 있다. 이러한 소설 읽기에만 머무른다면 깊은 몰입은 가능해도 깊은 이해와 사고는 어렵다고 생각한다. (○○영, 글로벌협력학과 1년)

비문학과는 다르게, 문학 특히 소설은 여러 흥미 요소들이 적절히 배치되어 있다. 독서에 어려움을 겪는 사람에게 비문학도서를 권장하는 것은 도전적인 선택이다. 다양한 수준의 사람들이 모이는 학창 시절 교실에서, 종종 보이는 소설과는 다르게 비문학 도서는 거의 볼 수 없는 것도 같은 이유이다. 따라서 여러 갈래 중

소설이 가장 접근성이 높다. 이는 독서를 계속하려는 의지에 긍정적인 영향을 준다. (○○태, 일어일문과 1년)

소설은 비소설보다 볼거리가 많다. 인물과 사건이 있고, 내용이 전개되는 과정이 있다. 무엇보다도 독자가 공감할 수 있는 감정적 요소가 있다. 독자는 울기도, 웃기도 하면서 소설 속 인물을 따라 사건에 참여한다. 지식 전달을 목적으로 하는 비소설과 달리 소설은 긴장감, 놀람과 같은 재미 요소를 갖고 있다. 이런 요소들로 독자는 소설에 몰입하여 책과의 상호작용을 통해 능동적으로 책을 읽게 된다. (○○훈, 인문학 계열 1년)

질문 있습니다!

부모님들이 가장 궁금해하는
가정 독서 4대 난제

첫 번째 질문 : 전집을 사야 할까요?

부모가 책을 좋아하는 집에 가보면 책장에 여러 종류의 전집 세트가 꽂혀 있습니다. 거실 한쪽 벽면이 같은 출판사의 전집으로 가득 채워진 집도 많습니다. 크기와 디자인이 통일되어 보기에도 깔끔합니다. 부모들은 살짝 자랑스럽게, 어지간한 책은 다 갖춰져 있어 더는 사들일 필요가 없고 공간도 없다고 말하기도 합니다. 한편으로는 한 권을 꺼내면 뭔가 이가 빠진 것처럼 보기 흉해질 것 같다는 느낌도 듭니다.

전집을 갖춰 놓는 것이 아이들 독서에 가장 적합한 환경을 마련하는 일이라고 생각하는 것 같습니다. 미리 준비하면 아이들의 관심에 즉각 대응할 수 있고, 어쩌면 아이의 적성과 특기를 발굴하는 계기가 될 수 있다고 여기죠.

처음 전집을 구입할 때는 아이의 관심사를 따르게 마련입니다. 아이가 동물이나 우주에 관심을 보이면 과학 전집을 삽니다. 그러다 한쪽에만 편향된 게 우려스러워 다른 분야의 전집도 찾아보게 됩니다. 주변 엄마들에게 이야기를 들어 봐도 다음 단계로 넘어가야 하는 건 거의 정설에 가깝습니다. 실제로 시중에는 수준별, 관심별 전집들이 많이 출판되어 있습니다. 도리어 무엇을 사야 할지 모를 정도로 말이죠. 조언에 따라 다음 단계로 진입합니다. '감성 동화', '생활 습관 동화'를 읽히고, 그 다음은 '전래동화', '창작동화', '위인전', '과학·역사' 등등 단계별로 전집을 비치합니다.

출판사에서는 아이들의 발달과정을 고려해서 다양한 전집을 만들었다고 강조합니다. 그래서 나이에 맞게 전집을 사야 한다고 권합니다. 전집을 갈아주는 게 가계에 부담스러울 때쯤 온라인 사이트 등을 통해 중고 전집을 알아보죠. 이렇게 공을 들여 사들인 전집을 한 권씩 아이들에게 열심히 읽어줍니다.

그런데 어린이들이 그렇게 다양한 분야의 책을 많이 읽을 필요가 있을까요? 관심이나 진로를 탐색하고 싶어서 다양한 분야를 접하게 할 수도 있습니다. 또 본격 공부가 시작되는 나이를 대비하여 배경지식을 광범위하게 습득하는 것이 유리하다고 판단해서 그럴 수 있습니다. 그렇지만 우리가 간과하고 있는 것이 있습니다.

아이들의 독서능력입니다.

과연 내 아이가 이 책들을 소화할 수 있을지 걱정입니다. 책은 전체가 중요하다고 말씀 드렸는데 아이는 그저 흥미로운 대목에만 잠시 눈과 귀가 머무는 게 아닐까요? 심지어 진로 탐색을 위해 책을 읽히는 것은 너무 멀리 간 이야기가 아닐까 싶습니다. 혼자 책을 읽으면서 진로를 찾아가는 건 성인들도 쉬운 일이 아니니까요. 교과서가 광범위한 지식을 망라하고 있으니 다양한 분야의 책을 읽어야 한다고 생각하기 쉬운데 교과서는 모든 아이를 대상으로 만든 것이라 그럴 수밖에 없습니다. 반면 부모는 내 자녀에게만 읽히는 것을 목적으로 책을 선택합니다. 굳이 많은 분야의 책을 읽힐 필요가 없습니다. 어떤 분야는 교과서 정도의 지식으로도 충분할 것이고, 몇몇 분야만 교과서를 넘는 지식이 필요할 것입니다.

더구나 아이마다 관심사나 성장 방식이 전혀 다릅니다. 출판사에서 예상한 대로 성장하지 않죠. 따라서 단계별 성장을 예상하고 미리 전집을 사는 것은 부모의 의도와 달리 자녀를 일반적인 틀에 가두는 일이 됩니다. 오히려 도서관에서 빌려서 읽게 하고, 관심을 표현하는 수준에 따라 그때 사도 늦지 않습니다.

주변에 보면 오히려 제 생각과 반대로 구입하고 빌립니다. 특정 시기에 읽는 전집을 주로 구입하고 전래동화나 창작동화는 도서관에서 빌려보는 사람들이 많습니다. 아이의 눈높이에 맞춰 역사나 과학 책을 사는데 어떤가요? 아이가 학년이 올라가면서 같은 책을 다시 읽던가요? 지식이 쌓이고 머리가 커지면 그 나이에 맞는 더 어려운 책, 수준 높은 책으로 갈아타게 되지 낮은 수준의 책을 다시 꺼내 들지는 않습니다. 재작년에 샀던 책은 이제 장식용으로 전락합니다. 그렇게 몇 해 꽂아두었다가 대청소하는 날 일부는 지인의 어린 자녀에게, 일부는 폐지와 함께 고물상에, 일부는 인터넷을 통해 판매하죠. 다시 읽을 필요가 없다고 인정하는 것입니다.

반면 그림책이나 창작동화는 학년이 높은 아이들이 머리가 아플 때 다시 읽기에 좋습니다. 제 아이가 중학교 때 그림책을 쌓아 놓고 읽는 모습을 종종 접했습니다. 고등학생인 한 아이는 중학교 때 읽은 창작동화를 자주 읽었다는 얘기도 들었습니다. 마찬가지로 학교에 들어가기 전후의 아이들도 쉬운 책, 이미 읽은 책을 반복해서 읽고 듣는 것이 좋습니다.

전집은 미리 사들일 것이 아니라 빌려서 읽고, 창작동화 같은 책은 빌릴 것이 아니라 사서 읽도록 합니다. 특히 지식 책은, 만일 그 분야의 전문가가 자기만의 시각으로 쓴 책이라면 나중에 다시 읽을 만한 가치가 있지만 개론처럼 풀어쓴 책이나 어린이용으로 편집한 책은 다시 읽을 가치가 없죠. 반면 좋은 창작동화는 아이가 성장함에 따라 읽을 때마다 다른 감동을 줍니다. 몇 년 후에 다시 읽었는데 새로운 느낌을 받지 못했다면 좋은 책이 아니거나 어쩌면 아이가 정신적으로 제자리걸음을 하고 있다고 볼 수 있습니다.

책을 산다면 이렇게 합니다. 부모가 인정한 추천 도서목록에서 열 권 정도 골라서 빌려주고, 그중에서 다섯 권 정도만 읽으라고 한 다음, 아이에게 1~2년 지난 다음에도 다시 읽고 싶은 책 두세 권 정도 선택하라고 합니다. 그리고 이 책들을 사주는 것이지요. 이런 과정에서 한 분야에 강한 관심을 보여줄 때 관련 전집을 사주면 됩니다. 미리 사주는 것이 오히려 호기심을 떨어뜨리는 계기가 되죠.

두 번째 질문 : 학습만화를 허용해도 될까요?

만화 싫어하는 아이들이 있을까요? 책을 멀리 하는 아이들도 만화는 즐겨 봅니다. 〈로빈손〉 시리즈, 〈WHY〉 시리즈, 〈그리스 로마 신화〉, 〈마법 천자문〉 등 학습만화는 거의 모든 집과 도서관에서 찾아볼 수 있습니다. 손때도 참 많이 묻어 있죠.

학습만화는 일반 만화와 달리 그림과 말풍선, 각주나 팁으로 구성되어 있습니다. 그림과 말풍선은 만화답게 코믹하지만 각주나 팁은 관련 정보를 작은 글씨로 빽빽하게 채우고 있죠. 이 때문에 흥미와 지식이라는 '두 마리 토끼'를 잡을 수 있다는 착각을 줍니다.

만화에 비판적인 부모들도 학습만화를 읽으며 나름 지식을 쌓아온 아이들을 보고 놀라게 됩니다. 그래서 못마땅하지만 한 번쯤 거쳐야 하는 과정이 아닌가, 큰돈이 들지 않으면 집에 들여놔도 좋지 않을까, 결국 적절하게 활용하면 좋은 것 아닌가 하고 타협합니다. 그래서 이런 웃지못할 일화도 생깁니다.

학습만화 〈마법 천자문〉이 한창 인기를 끌 때였어요. 처음에 한두 권은 남편이 아이들에게 보상으로 사주었어요. 평소에 만화를 달갑게 여기지 않던 저로서는 꺼림칙했지만 만화책으로라도 한자를 배울 수 있다면 괜찮겠지 하는 생각에 말리지 않았어요. 그런데 시리즈가 10권이 넘어가면서부터는 조금 심하다 싶은 생각에 반대했지만 '만화 형식이지만 아주 유익한 한문 학습서'라는 말에 딱히 맞설 길이 없어 물러났어요.

OO년 봄, 알뜰 바자회 날! 아침 일찍부터 물건들을 진열하는 엄마들 틈에 끼어 벼르고 벼르던 〈마법 천자문〉을 처분하기 위해 살며시 열 몇 권을 꺼내 놓았습니다. 그러면서도 해가 될지도 모르는 학습만화를 다른 아이에게 팔아도 될지 갈등하고 있는데 어디선가 들려오는 목소리!

"어떤 엄만지 엄청나게 열 받았나 보네. 아까운 걸 이렇게 시리즈로 몽땅 내놓은 걸 보니……."

"그러게, 이럴 줄 알았으면 안 사고 버틸걸."

제가 잠깐 자리를 비운 사이에 누군가 벌써 몽땅 사 갔는지 책이 한 권도 없더라고요. 그런데 조금 있다가 평소 친하게 지내던 아들 셋 둔 이웃 엄마가 달려와서는 "OO 엄마가 날 그 정도밖에 생각 안 하는 줄 몰랐네. 다른 거 다 주면서도 어떻게 그 책들은 쏙 뺄 수가 있어? 너무해." 하며 무척이나 서운해하더군요. 누가 횡재했다고 자랑을 해서 보니 〈마법 천자문〉에 우리 아이 이름이 적혀 있더래요.

저는 그간 그 엄마에게 만화의 부정적인 영향에 관해 얘기해 온지라 그런 반응이 당혹스러워 멍하니 서 있었습니다. 또 조금 있자 다른 엄마들도 와서는 "OO 엄마 어떻게 그럴 수 있어?", "나한테 미리 얘기 좀 해주지.", "그런 걸 한 사람한테 다 팔면 어떡해? 권수 제한을 해야지." 등등 예상하지 못했던 반응에 어리둥절할 뿐이었습니다. 조금 진정이 되자 엄마들이 이번에는 질문을 합니다. 아무래도 책을 다 내놓은 걸 보니 아들이 한자를 다 뗐나 보다, 한자 몇 급까지 땄느냐, 언제부터 읽혔냐, 어떻게 읽혔냐, 다른 책들도 있느냐, 언제 또 내놓을 거냐, 미리 얘기해 달라, 차라리 집을 한 번 공개하라…… 저는 그저 난처해하며 어쩔 줄 모르고 웃고만 있었었지요. (연구원 ○○은)

만화는 일단 그림만 봐도 내용을 대충 파악할 수 있고, 애쓰지 않아도 술술 잘 넘어갑니다. 흥미를 자극하는 단어와 그림으로 이루어져 내용도 지루하지 않고, 또 정보가 요약 형태로 구성되어 요점을 쉽게 기억할 수 있지요. 이런 이유로 부모들은 학습만화가 공부에 도움이 되고, 어려운 책으로 가는 통로 내지는 보조 역할을 해주리라 기대합니다. 그렇게 학습만화 보는 시간을 공부 시간으로 인정해주죠.

그러나 제가 염려하는 것은 학습만화가 공부를 쉽게 하려는 습성을 만들 수 있다는 점입니다. 아이가 집중했기 때문에 흥미를 느끼는 것이 아니라 매체 때문에 흥미가 생겼다면 아이는 애쓰지 않게 됩니다. 이런 태도를 몸에 익히면 공부는 애써 하지 않아도 된다고 생각하지요. 그런데도 우리는 흥미를 불러일으키는 매체를 선호하고 있습니다. 더 재미있는 책이나 매체를 늘 찾고 있습니다. 근본적으로 텔레비전을 비롯한 영상매체는 재미있는 구성이나 기획 이전에 그림이 갖는 속성으로 인해 시선을 끕니다. 만화 역시 영상매체처럼 그림이 주요

요소입니다. 그림은 속성상 즉각적으로 이해할 수 있습니다. 독자의 노력, 즉 읽을 때의 집중이 없어도 그림 자체가 내용을 말해주는 듯한 착각을 일으킵니다. 예를 들어 린드그렌이 쓴 〈소년 탐정 칼레〉에서 칼레는 수상한 사람의 인상을 이렇게 기록합니다.

"머리카락은 밤색이고, 뒤로 빗어 넘겼음. 눈은 갈색. 양 눈썹이 붙어 있음. 쭉 뻗은 코. 약간 뻐드렁니. 다부진 턱. 잿빛 양복. 밤색 구두. 모자는 안 썼음. 오른쪽 뺨에 불그스름한 흉터가 있군."(〈명탐정과 보석 도둑〉(웅진) 25~26쪽)

작가는 자세하게 얼굴을 묘사하고 있지만 독자가 이를 이미지로 떠올리려고 애쓰지 않는다면 만화에 나오는 그림보다 분명하게 떠오르지 않을 것입니다.

이런 점에서 그림을 보는 아이와 글을 읽는 아이는 차이가 납니다. 글을 읽을 때는 부족하거나 모호한 부분을 채우기 위해, 또는 해석하기 위해 자신의 스키마(배경지식)를 활용합니다. 예전에 습득한 지식이나 정보 또는 겪었던 체험 등을 떠올리고 이것들을 머릿속에서 시각화하면서 연관을 짓습니다.

반면에 그림을 보는 아이는 즉각 이해할 수 있어서 자신의 스키마를 활용하지 않습니다. 집중하지 않고, 아무 생각 없이 내용을 봅니다. 그래서 독서능력이 부족한 아이들은 학습만화를 통해 정보를 배울 순 있어도 능력을 높일 수는 없습니다. 도리어 학습만화를 많이 읽을수록 일반 책을 더 싫어하게 되는 결과를 빚게 됩니다. 자연스럽게 일반 독서로 넘어가기를 바랐는데 정반대의 결과로 이어지죠.

그렇다면 학습만화를 못 보게 막아야 할까요? 현실적으로 보면 강력한 금지는 바람직하지도, 가능하지도 않습니다. 아이가 사달라고 조를 뿐 아니라 학교나 친구 집에서 쉽게 볼 수 있기 때문입니다. 그렇다면 차라리 컴퓨터 게임처럼 일정 시간을 허용하는 것이 좋습니다. 이를테면 주말에 몇 시간 정도 읽게 하는 것이죠. 또 가능하면 일주일에 두 번 2시간씩보다는, 한 번에 4시간 정도 허용하는 것이 좋습니다. 즉 짧은 시간 동안 자주 만화를 보는 것보다는 어쩌다 긴 시간 동안 만화를 보는 것이 낫습니다. 보지 않는 시간이 길수록, 적어도 3일이 넘을수록 '중독'에 빠지지 않으니까요.

공부는 힘들게 노력할 때에만 실력이 올라갑니다. 당장 뇌라는 그릇에 뭔가를 많이 담기를 바라는 것보다는 지금은 뇌 자체의 크기를 키우도록 관심을 가질 필요가 있습니다. 그런 점에서 쉽게 떠먹여주는 학습만화보다는 독서능력 자체를 키우도록 지원해주는 게 장기 플랜으로 볼 때 올바른 방향이죠.

세 번째 질문 : 영상·디지털 매체를 어떻게 통제해야 좋을까요?

우리 아이들은 어릴 때부터 영상·디지털 매체에 노출되어 있습니다. 유모차를 탄 아기들에게 엄마가 스마트폰을 보여주는 장면은 흔하게 볼 수 있는 지하철 풍경입니다. 주변 사람에게 피해를 끼치지 않으려는 의도인 줄 알지만 그래도 걱정스럽죠. 초등학생들은 친구들과 소통하기 위해 스마트폰이 필요하다고 강변합니다. 부모들은 의심하면서도 연락 수단으로, 또 친구들과의 소통을 지지하는 마음으로 대리점에 데려 가죠.

지금의 어른들은 사고틀이 정해진 다음에 디지털 매체를 접했기 때문에 상대적으로 영향이 적을 거라고 짐작합니다. 반면에 스마트폰을 손에 쥐고 자란 아이들은 어떤 영향을 받으며 성장할지 아직 알 수 없습니다. 우리나라는 전 세계를 대표하여 사회적 실험을 하고 있는지 모릅니다. 이 문제만큼은 선진국의 사례에 비추어 판단할 수 없고, 거꾸로 세계에서 우리나라 사례를 연구하는 실정입니다. 독일의 뇌 연구가인 만프레드 슈피처는 〈디지털 치매〉에서 "학교에서 디지털 매체 미디어 사용률이 가장 높은 국가인 한국의 경우, 2010년에 이미 학생들의 12%가 인터넷에 중독되었다"(86쪽)고 말하고 있습니다.

어떻게 해야 할까요? 일부 아이들이 중독에 빠지더라도 그건 어쩔 수 없는 일이라 치부하고 영상·디지털 매체를 제대로 활용하는 방법을 가르쳐야 할까요? 아니면 매체로부터 격리시켜야 할까요? 사회적으로 합의까지 이끌어낼 수 없지만 이 문제에 직면하고 있는 각 가정은 어떤 식으로든 대안을 찾아야 합니다.

찬반 논의를 다시 한 번 검토해봅시다. 아이들의 디지털 매체 사용을 찬성하는 측은 중독자는 소수이고, 대다수 사람에게는 크게 나쁜 영향을 주지 않는다고 주장합니다. 영상을 통해 지식을 습득하는 것은 매우 효과적입니다. 특히 인터넷을 활용하는 방법은 현대사회에서는 불가피합니다. 스마트폰이나 인터넷 게임의 문제점은 늘 거론되지만 게임 중독에 빠진 아이들은 소수이고 학습문제아들은 어느 시대에도 있었지요. 이런 관점에서 생각하는 사람들은 아이들에게 영상·디지털 매체를 적극적으로 권장해야 한다고 주장합니다. 자기 할 일만 다 하면 게임을 허용하는 것도 괜찮다고 말합니다.

그러면서 게임의 좋은 점도 이야기합니다. 여러 명이 동시에 사용하는 롤플레잉 게임을 통해 아이들은 현실에서의 통제와 수동성에서 벗어나, 가상세계를 통제하고 능동성을 발휘하는 자신을 체험한다고 말합니다. 현실에서 이런 과제나 상황에 직면할 기회가 없으므로, 게임 속에서라도 이런 경험을 쌓는 것은 긍정적일 수 있다는 것이죠. 그래서 게임에서의 경험이 책을 읽으면서 주인공에 감정이입을 하고 간접적으로 경험하는 것과 다르지 않다고 주장합니다.

반대하는 사람들은 이렇게라도 통제하지 않으면 많은 아이가 중독까지는 아니어도 부정적인 영향을 받을 것이라고 말합니다. 디지털 매체는 중독자에게만 문제가 되지 않습니다. 어른들과 마찬가지로 많은 아이가 스마트폰으로 주변과 접속을 유지하느라 집중이 자주 끊어집니다. 디지털 매체를 과도하게 사용한 아이들의 집중력이 떨어진 것은 쉽게 확인할 수 있습니다. 예전에 비해 한 가지 일에 장시간 집중하지 못합니다. 끊임없이 주변을 기웃거리거나 다른 일에 시선을 빼앗깁니다. 그 와중에도 카톡은 끊임없이 울려댑니다.

디지털 매체는 기억력을 크게 떨어뜨립니다. 필요할 때 검색할 수 있으니까 개인이 기억하지 않아도 되지요. 만프레드 슈피처는 간단한 실험을 소개합니다. 문장을 컴퓨터에 입력하고 나서 곧바로 삭제될 것이라고 알고 있는 사람은 그 문장을 기억하지만 저장될 것이라고 기대했던 사람은 기억하지 못한다고 말합니다. 어딘가에 저장되어 있다고 생각하면 애써 기억하려고 하지 않죠.

스마트폰은 소통을 원활히 하기 위해 사용한다고 하고 실제로 카톡이나 문자 메시지 등이 그렇게 활용되고 있는데, 오히려 친구 관계는 예전보다 소원한 느낌입니다. 문자가 편하다고 문자로만 소통하니 전화를 거는 것도 부담스럽고 직접 얼굴을 마주보면서 얘기하는 것은 더 불편합니다. MIT 교수인 셰리 터클은 〈외로워지는 사람들〉에서 스마트폰으로 소통하는 사람이 많아질수록 외로워지는 사람들도 덩달아 많아지고 있다고 주장합니다. 최근에 그는 〈대화를 잃어버린 사람들〉에서 고독을 즐길 줄 알아야 개인적으로는 공감력을, 기업 차원에서는 생산성을 높일 수 있다고 주장합니다.

뇌는 청소년기까지 계속 발달하는데 어린 시절에 게임 중독에 빠지면 뇌가 제대로 발달하지 못합니다. 강한 자극에만 익숙해져 힘든 공부나 반복적인 일상에는 아무런 흥미를 느낄 수 없는 상태로 뇌가 변형되는 것입니다. 중독은 별개 아닙니다. 아무런 준비 없이, 별다른 노력 없이, 최소한의 기본 능력 없이 곧바로 재미를 느낄 수 있는 일을 자주 할 때 중독에 빠집니다. 중독에 빠지면 학습은커녕 일상마저도 답답해지죠.

실제로 게임에 중독된 아이들의 상태는 매우 심각합니다. 성적이 떨어지고 친구 관계가 망가지는 것은 말할 것도 없고 삶 자체가 피폐해집니다. 우울증처럼 정신적인 손상이 매우 심각해서 아이 자신의 힘으로 회복하기가 쉽지 않습니다.

그렇다면 어떤 아이에게는 매체의 영향력이 심하고 어떤 아이에게는 별 영향이 없을까요? 아마도 자제력이 강하다거나 관심 분야가 뚜렷하다든가 책을 좋아한다든가 하는 아이들이 영향을 적게 받겠지요.

우리가 어릴 때 책(특히 소설이나 인물전)을 읽으면 이 스토리를 은연중에 무엇과 비교했는지 기억하시나요? 우리의 삶 자체였습니다. 우리 삶에 비하여 소설이나 인물전은 흥미롭습니다. 그래서 어른들이 읽는 책도 곧잘 읽었지요. 그런데 지금 아이들은 책을 무엇과 비교할까요? 바로 만화 영화나 게임 등 영상매체의 경험과 비교합니다. 독서능력이 부족한 아이들은 책을 읽어도 사건 진행이 느리고, 인물의 성격이 불확실하며, 장면이 선명하게 그려지지 않습니다. 무엇에 비해서? 영상매체 경험에 비해서 말이죠.

또 예전에 책은 직접경험의 한계를 넘어서는 역할을 했지만, 요즘의 책은 영상매체의 경험을 따라갈 수 없습니다. 직접경험보다 영상매체에 나오는 내용을 더 현실적이라고 보기 때문에 책을 통해 간접경험한다는 느낌을 거의 받지 못할 것입니다. 더구나 영상매체는 어린 시절에 언어보다 먼저 익숙해진 매체이기 때문에 아이들이 스스로 책에 흥미를 느끼지 못합니다.

독서능력이 높지 않은 상태에서 책을 읽으면 책을 다양하게 해석하지 못하기 때문에 영상매체와 비슷한 수준의 재미를 느낄 수 없습니다. 예를 들면 책에서는 인물 성격을 얼굴 특징만으로 묘사해서 독자로서는 모호하게 생각할 수 있지만, 영상매체는 주변 환경을 배경으로 설정하기 때문에 성격을 뚜렷하게 파악할 수 있습니다. 그런데 바로 여기에 연출이나 감독의 해석이 개입하게 되고 독자는 이런 해석을 그대로 수용하게 됩니다. 이에 비해 독서능력이 높은 아이는 책을 읽으면서 그 배경을 직접 상상할 수 있지요. 이렇게 독자마다 다르게 상상하고 생각하면서 책을 다르게 해석할 수 있는 힘을 기르죠.

이렇게 책에 숨어 있거나 공백으로 남아 있는 내용을 독자가 직접 상상하고 채워 넣는 데서 다양한 해석의 가능성이 열리는데 독서능력이 떨어지면 이런 공백 때문에 책이 모호해지고 읽을수록 흥미가 떨어집니다. 반면 영상매체는 상상의 공백이 없으므로 중간부터 시청해도 흥미를 불러일으킬 수 있지요. 예전엔 게임을 주로 하는 남자아이들이 문제라고 하지만, 요즘은 유튜브 영상을 많이 보는 여자아이들도 걱정입니다. 약 5~10분 사이의 짧은 영상과 자막 설명을 보는 데 익숙해지면 책에서 재미를 느끼지 못하고 자극을 받지 못하는 상태라 책장을 넘기는 게 점점 힘들어집니다. 책의 장점으로 꼽혔던 '무한한 상상 공간의 제공'이 독서능력의 부족으로 단점으로 전락하고, 끝내 책을 점점 회피하는 결과를 빚게 됩니다.

따라서 강제로라도 책을 읽혀서 독서능력을 높여야 하고, 이를 위해 영상·디지털 매체를 통한 학습은 통제해야 합니다. 그래야만 책 읽기에 한 걸음 다가갈 수 있고, 학년이 올라가도 책을 계속 읽을 수 있습니다.

가정에서는 한 아이의 독서능력을 판단 기준으로 삼아 그에 맞게 영상 디지털 매체 활용을 제한하는 것이 좋습니다. 그렇지만 독서능력이 어느 수준인지 판단하기 쉽지 않습니다. 그래서 독서능력보다 조금 파악하기 쉬운 집중력을 기준으로 삼는 것이 좋습니다. 즉 공부하거나 책을 읽을 때 예전보다 집중력이 떨어지는 모습이 보이면 영상매체를 강하게 통제하기 시작합니다. 아이들에게도 그렇게 미리 말하여 대비를 시키는 게 좋죠.

네 번째 질문 : 명작이나 고전을 요약본으로 읽혀도 될까요?

학년이 올라갈수록 책을 읽을 시간은 점점 부족해지는데 학교에서는 독서를 권장하니까 부모님들도 경제성을 고려하기 마련입니다. 그래서 명작이나 고전을 택하게 되죠. 좋은 글귀나 감동적인 장면을 통해 아이가 뭔가 깨닫지 않을까, 삶이나 학습에 대한 근본적인 동기를 자극받지 않을까, 그래서 현실을 인정하고 공부하지 않을까 슬그머니

기대합니다.

그런데 원본은 너무 어렵고 책은 두껍습니다. 건너뛰며 읽으라고 권하기도 어렵습니다. 대신 요약본을 읽힙니다. 그래도 힘들다고 하면 해설을 읽게 하거나 설명을 해줍니다. 이렇게라도 다 읽으면 뿌듯해하는 것 같습니다.

그렇지만 저는 아이들이 고전이든 명작이든 요약본을 읽히는 것은 장점보다 단점이 더 많다고 생각합니다. 요약본은 줄거리 위주로 줄였기 때문에 사건의 전개 과정이나 심리 묘사가 많이 생략되어 있습니다. 그래서 마치 등장인물은 그들 나름의 고민이나 시행착오 없이 쉽게 행동하고, 문제를 단숨에 해결하는 것처럼 보입니다. 원본 독서라면 설령 다 읽지 않아도 한두 가지 문제의식을 가질 수 있는데, 요약본을 읽으면 진지하게 고민할 필요가 없지요. 요약본은 가짜라는 느낌이 드니까요.

아이들 스스로 건너뛰며 읽는 것과 출판사 또는 편집자가 요약한 글을 읽는 것은 전혀 다릅니다. 왜냐하면, 요약한 사람의 시각이 반영되기 때문입니다. 무엇을 뺄 것인가를 결정하려면 어떤 관점에서 재해석할지 고민해야 하는데, 원작자와 같은 입장에서 판단할 수 없습니다. 아이가 건너뛰며 읽는 것은 적어도 자기 뜻이기 때문에 문제 될 것이 없지요. 건너뛰며 읽고 나서 거의 다 이해했다고 착각하지만 않는다면 말입니다.

해설의 도움을 받으며 명작을 읽는 것도 문제가 있습니다. 해설 역시 특정 관점에서 책을 독해한 결과물입니다. 그 해설자가 우리 독자들과 다른 시선을 갖고 있다면 그 해석이 불편합니다. 그렇지만 해설자는 권위가 있어서 해설자와 다르게 독해한 독자는 자신이 책을 잘못 읽었다는 느낌을 받습니다. 결국, 자기 생각을 버리고 권위 있는 해석을 암기하죠. 그 사이 '내가 읽은 원작'은 새롭게 각색됩니다.

예를 들어 보지요. 〈파리 대왕〉(윌리엄 골딩)에서는 미래의 3차 세계대전을 배경으로 유럽의 소년들만이 무인도에서 공동체를 꾸리려다 몇몇 친구들을 죽이게 됩니다. 인터넷 서점 서평에 보면 아이만 아니라 어른도 있다면, 남자가 아니라 여자도 있다면, 유럽 아이들이 아니라면 어땠을까 하는 새로운 의문이 제기됩니다. 이 의문을 확대하면 '만일 남녀 무리가 공동체를 꾸렸다면 살인과 같은 폭력 사태는 벌어지지 않았을지 모르고, 그 말은 공동체의 구성에 따라 얼마든지 상황은 변할 수 있다, 즉 사람에게는 타고난 폭력성이 있다는 윌리엄 골딩의 생각은 편향적이다'라는 결론으로까지 확대될 수 있습니다. 해설에는 뭐라고 적혀 있을까요? 이 책이 성악설을 뒷받침하는 내용이라고 말합니다. 남자든 여자든, 유럽인이든 비유럽인이든 사람은 누구나 폭력성을 띠고 태어난다는 말입니다. 왜 이 해설자는 이렇게 생각했을까요? 왜 유럽의 남자 아이들이 모든 인간을 대표해야 한다고 믿는 걸까요? 아마도 어른보다는 아이가, 여자보다는 남자가, 비유럽보다는 유럽이 인류문명을 대표한다는 전통 서구학계의 전제가 숨어 있기 때문이 아닐까 생각합니다. 반면 요즘 아이들은 대체로 성악설, 성선설 같은 본성론보다 인간성은 환경에 영향을 받는다고 씁니다.

한편 어려운 책이라면 원본(완역본) 자체를 읽는 것에도 회의가 듭니다. 〈논어〉를 예로 들어보죠. 초등학생이라도 아이들 나름대로 소화할 수 있는 내용이 있다고 말하는 분들이 있죠. 어쩌면 어려운 책이기에 아이들이 오히려 집중해서 읽을 수 있습니다. 왜냐하면 아이들의 지능을 높이 평가하고 아이들의 생각하는 힘을 인정하기 때문에 이런 책을 권했을 테고, 이를 느낀 아이들 역시 그렇게 행동할 가능성이 높죠. 처음에 힘든 시기만 잘 참고 버텨낸다면 아이들은 대체로 끝까지 읽어낼 것이고 커다란 성취감을 얻을 것입니다.

독서를 마친 아이들이 감상글을 씁니다. 한 페이지 넘기기도 힘든데 글을 썼다는 것을 보면 정말 다 읽었다는 것을 인정하지 않을 수 없습니다. 더군다나 초등학생 한 학급 아이들 모두 읽었다고 하면, 어린아이들도 대부분 읽을 수 있다고 간주해도 좋을 것입니다.

하지만 아이의 글을 보면 조금 이상한 생각이 듭니다.

> 자공이 말하였다. "저는 남이 저에게 하기를 바라지 않는 일을 저 또한 남에게 하지 않으려고 합니다." 공자께서 말씀하셨다. "사야, 그것은 네가 해낼 수 있는 일이 아니다." 이 말은 입장을 바꿔 생각하는 일은 공자가 그토록 예뻐하던 자공도 할 수 없을 정도로 어려운 일이라는 것을 말하고 있다. 그러나 나는 이 말을 항상 실천할 수 있는 사람이 되고 싶다. 왜냐하면, 이는 곧 남에게 예의 바르게, 착하게, 정직하고 솔직하게 대

해야 한다는 뜻이기 때문이다. (〈초등 고전 읽기 혁명〉, 송재환, 글담출판사, 61~62쪽에 등장하는 6학년 학생의 감상글)

물론 아이가 이렇게 해석한 것에 대해 틀렸다거나 깊이가 얕다고 판단할 수는 없습니다. 그렇지만 아이가 평소 알고 있던 상식과 다르지 않게 받아들인다면 굳이 읽을 필요가 있을지 의문이 듭니다. 고전에서 읽은 글귀가 아이에게는 일상에서 자주 듣는 어른들의 잔소리와 별로 다를 게 없다면 말이죠. 이렇게 '내 생각과 경험의 테두리 안에서' 책을 수용하면 고전을 읽고 다양한 생각, 깊은 생각을 키울 수 없을 것입니다.

"〈논어〉를 읽으면 참 배울 점이 많다. 〈논어〉의 어떤 부분에서는 '왜!'라는 의문점이 가끔 생기기도 하지만, 내용 대부분이 내가 소화해 낼 수 있는 수준이었기에 매우 보람 있다고 생각된다."(같은 책, 또 다른 6학년 학생의 감상글)

논어를 읽고 대부분을 파악했다는 감상글입니다. 하지만 고전일수록 다양한 해석이 존재합니다. 고민하지 않고 결론만, 그리고 어른들의 해석만 받아들인다면 읽힐 필요가 있을까요?

상식 차원에서 읽기를 강조하고, 의문이 드는 내용은 무시하고, 자신이 이해할 수 있는 내용만 소화하라고 한다면 왜 이런 책을 읽는지 이해하기 어렵습니다. 결국, 아이들의 사고력은 버려진 땅처럼 방치되면서 대신 일상의 통념만 강화되는 결과를 낳습니다. 왜 고전을 읽는지 다시 생각해야 할 것 같습니다.

원본과 요약본의 차이

〈톰 소여의 모험〉(마크 트웨인)을 140쪽 정도로 줄인 요약본을 보면 톰이 벽장 속 잼을 먹은 걸 이모에게 들키고 회초리를 맞으려다 위기일발에서 도망가는 장면이 딱 두 줄로 나옵니다.

:: 두 줄 요약본 ::

"저 녀석의 잔꾀에 또 속았어! 그나저나 저렇게 달아났으니, 오늘도 학교에 안 갈 생각이구나." 폴리 이모의 생각대로 톰은 그날 학교에 가지 않았습니다.

그렇다면 원본은 어떨까요? 창비에서 출간한 완역본은 400쪽이 조금 넘습니다.

:: 완역본 원본 ::

"망할 녀석 같으니라고, 나도 참 별수가 없군. 한두 번 속았는가 말이야. 이번만큼은 정신을 좀 차리고 있을걸. 바보 중 바보가 늙은 바보라더니. 늙은 개에게는 새의 지조를 가르칠 수 없다더니 그 말이 옳아. 하지만 재는 단 이틀도 똑같은 장난을 되풀이하지 않으니 도무지 알아차릴 재주가 있어야지. 그런데 저 애는 얼마쯤 날 못살게 굴면 내가 진짜 화를 낼지 잘 알고 있는 모양이야. 그리고 또 내가 조금이라도 마음을 늦추고 웃는 기색이라도 보이면 그걸로 모든 게 다 흐지부지 되리라는 것도 다 알고 있단 말이야. 하지만 그대로 내버려 두면 내 체면도 안 서고, 하느님 섭리에도 어긋나지. 회초리를 아끼면 애를 망친다고 성경책에도 쓰여 있지 않느냐 말이야. 나를 위해서도 애를 위해서도 죄를 짓는 게 돼. 어쩔 수 없는 애지만 그대로 내버려 둘 순 없어. 그래도 한편으로 생각하면 죽은 내 동생의 마지막 남은 살붙이니 그 신세가 가엾고 때릴 생각이 안 나. 그렇다고 용서를 하고 내버려 두자니 내 양심이 울고 매질을 하자니 마음이 너무 괴로워. 성경에도 여자 몸에서 난 사람치고 걱정 없는 사람 없다더니 정말 그 말이 옳아. 오늘도 저 녀석 낮부터 학교를 빼먹고 있는 것일 텐데 내일은 그 벌로 단단히 혼을 내줘야겠다. 다른 애들이 놀고 있는 토요일 일을 시킨다는 건 그리 쉬운 일은 아니지만, 저 애는 먹고 나서 일하기를 싫어하니깐 아주 좋은 벌이 될 거야. 난 저 애를 위한 책임을 다하지 않으면 안 돼. 그렇지 않으면 내가 저 애를 못 쓰게 만들고 마는 게 되니깐."

폴리 이모의 잔소리가 정말 길지요. 그 긴 독백을 듣다 보면 폴리 이모나 톰의 입장을 모두 알 수 있습니다. 잔소리를 이 정도로 늘어놓으니 나라도 도망가겠다고 생각할 수도 있고, 잔소리하는 폴리 이모의 마음 속 갈등을 보면서 톰이 철없다고 느낄 수도 있을 것입니다.

하지만 두 줄로 줄인 요약본을 보면 독자들은 단순히 잼을 훔쳐 먹고 이모를 속인 톰이 나쁘다고 생각하는 데 머물게 됩니다. 같은 내용이라도 요약본은 세세한 이미지를 생략하는 바람에 그 맥락이 사라져서 '톰이 잘못하고 이모가 혼내려고 하니 집 밖으로 도망간' 정도로 단순화됩니다. 즉 하나의 행위는 어떤 맥락에서 일어나느냐에 따라 의미가 다르게 전달되는데 요약본은 그 맥락을 없애는 것입니다. 그래서 그 의미가 요약자의 의도로 한정될 가능성이 크고, 아이들이 여러모로 감상할 가능성이 줄어드는 것이지요.

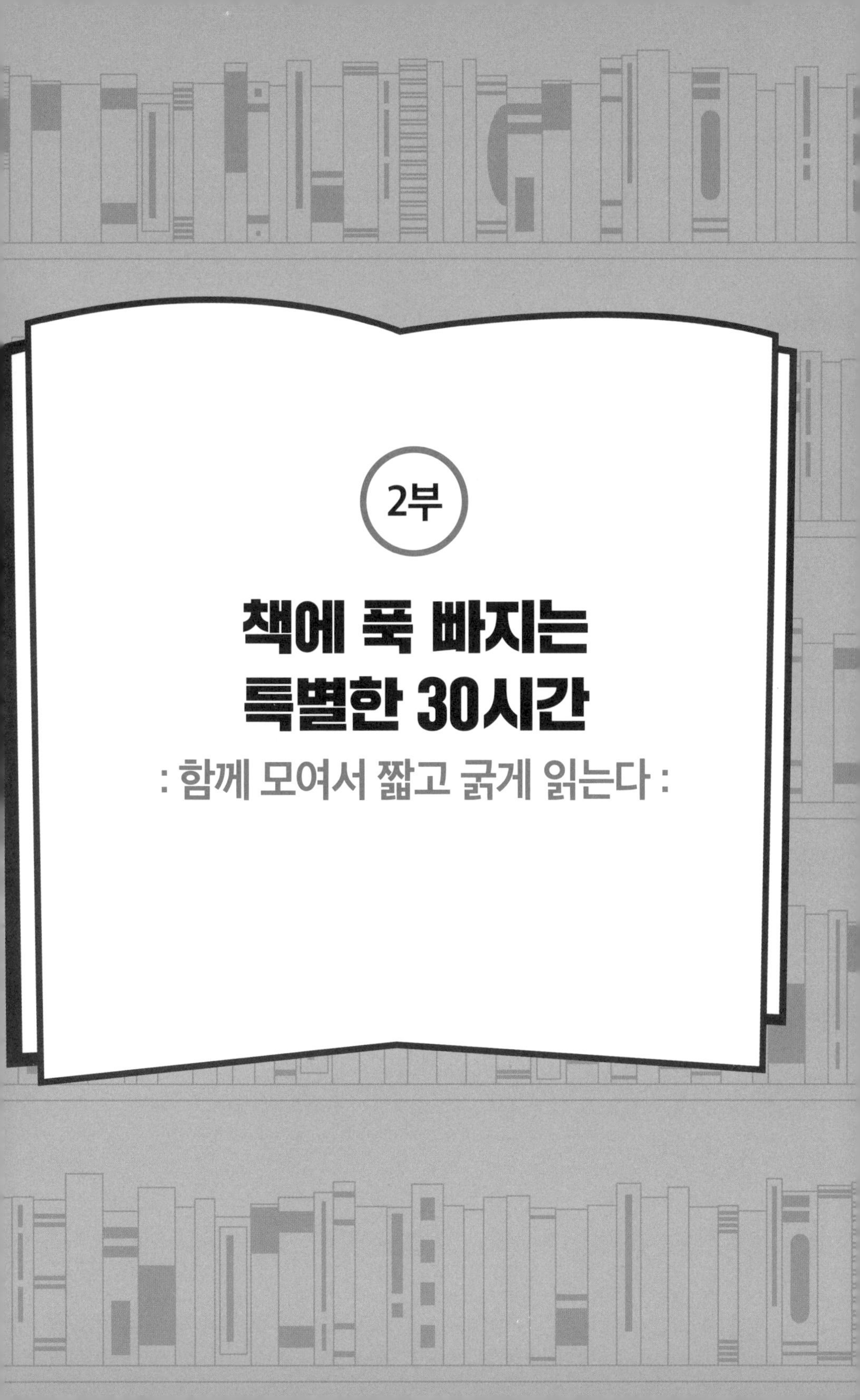

2부

책에 푹 빠지는 특별한 30시간

: 함께 모여서 짧고 굵게 읽는다 :

'디지털 시대에 독서는 필요한가?' 우리 시대에 제기된 문제 가운데 하나입니다. 그런데 가만 보면 논쟁이 붙지 않더군요. 한쪽에서는 책을 쓰고 강연을 하면서 '당연히 필요하다.'고 주장하지만 반대쪽에서는 무관심합니다. 책과 멀어지고 디지털 매체와 친숙해진 사람들은 아예 논쟁에 참여하지 않습니다. 그들은 너무 당연한 시대의 변화상이라고 받아들입니다. 대신 이렇게 말하죠. '디지털 매체를 통해 어떻게 지식을 전달할지 고민할 때다!'

이와 달리 아직 던져지지 않은 주제도 있습니다. '디지털 시대에 독서는 어떻게 달라져야 할까?' 책이라는 속성이 달라지지 않았는데 굳이 독서법을 바꾸어야 할지 모르겠다는 태도 때문인지 아직은 새로운 독서법에 대한 시도가 고민되지 않는 것 같습니다.

그러나 책 자체는 그대로라도 책을 둘러싼 환경이 변하면 그 의미망도 달라지게 마련입니다. 과거와 가장 달라진 환경의 변화는, 물론 매체의 확대입니다. 영상매체의 발달로 책의 위상에 변화가 생겼습니다.

사실 이 문제는 지금을 살아가는 모든 사람이 겪고 있는 변화이지만 여기서는 당연히 범위를 좁혀 아이들에 집중해 보죠. 그리고 해답의 실마리를 찾기 위해 '매체의 범람이 아이들을 어떻게 변화시켰는지' 먼저 언급하는 게 좋을 것 같습니다.

요즘 아이들의 변화는 놀랍습니다. 많은 아이가 기억과 관련하여 특이한 점을 보입니다. 3개월 전에 읽었던 책을 불쑥 물어보면 놀랄 정도로 머리가 하얗습니다. 그런 책을 읽었다는 정도만 기억하죠. 심지어 어떤 아이들은 불과 며칠 전에 읽은 책의 줄거리를 5단계로 요약하지 못합니다. 뭔가 머리에 남아 있어야 할 것 같은데 점검이 끝나면 기억을 휴지통에 내다 버립니다. 책을 시험공부 하듯 읽는 셈이죠. 이걸 좋게 해석해서 장기기억력보다 단기기억력이 뛰어나다고 말할 수 있으면 좋겠지만 실은 그 반대 같습니다. 단기기억력은 지속적으로 훈련되고 있지만 장기기억력은 방치되고 있는 형편이죠. 이밖에도 아이들은 다음과 같은 특성을 보입니다.

- 글자보다 이미지에 익숙하다.
- 통합보다 분석이 강하다.
- 전체보다 부분을 잘 파악한다.

이 모든 변화상의 근본 원인을 가만히 생각하다 보면 독서를 성적과 연결시켜서 받아들이는 분위기, 읽기보다 독후활동을 중시하는 교육 문제를 결코 피할 수 없을 것 같습니다.

아무튼 아이들이 이런 특성을 보이고 있다면 우리는 이 시대에 독서가 추구해야 할 방향을 짐작해 볼 수 있습니다. 아이들이 보이는 약점을 보완할 수 있는 방식이죠. 장기기억력을 증진시키고, 글자에 친숙해지고, 전체를 보는 넓은 시야를 갖게 해주고, 통합에 능통하도록 도와야 합니다.

그렇게 해서 탄생한 것이 '몰입독서'입니다(몇 군데에서 '몰입독서'라는 표현을 쓰고 있습니다만, 제가 이 단어를 만들 때는 아이들이 모여 하루에 4시간 이상 주로 책 읽기를 하는 활동을 지칭하기 위해서였음을 밝힙니다.).

몰입독서는 독후활동보다는 읽기 자체를 중요하게 생각해서 시도한 독서 활동입니다. 우려한 바와 달리, 초등 저학년부터 중학교 2학년 아이들까지 하루 6시간씩 5일간(총 30시간)을 잘 버텨주었습니다. 오히려 초등 저학년 아이들보다 남자 중학생 또는 끝나고 다른 과제를 해야 하는 아이들이 힘들어 했지요.

요즘 아이들은 공부할 때 어른들의 기대에 못 미치는 모습을 보여주는데, 몰입독서에서 나타난 모습은 어른들의 예상을 크게 뛰어넘었습니다. 부모들은 자녀의 독서 태도에서 감동합니다. 아이들은 부모님의 감탄 어린 시선을 몸소 느끼며 자신의 잠재력을 확인하고 성취감을 얻습니다. 공부하듯이 책을 읽는 것이 아니라 상상의 세계에 흠뻑 빠진 가운데 나에게도 독서본능이 있다는 사실을 확인하죠. 또한 하루 6시간씩 책을 읽었다는 사실에서 성취감을 느끼죠.

앞에서 우리는 부모님이 아이와 함께 집에서 실천할 수 있는 활동으로 읽어주기와 소설 읽기를 제안했습니다. 그런데 솔직히 불안하시죠? 옆집 아이는 지금 공부하고 있을 텐데 우리만 책을 읽혀야 하는지 고개가 갸웃거립니다. 그럴 때 아이들이 같이 모여 책을 읽는 방법, 즉 '몰입독서'를 시도하면 심리적으로 쫓기는 마음도 내려놓을 수 있고, 또 아이에게도 좋은 자극이 될 수 있습니다.

몰입독서는, 읽기에 초점을 두었기 때문에 간단할 것 같지만 제법 많은 문제가 발생합니다. 수준과 성향이 다른 아이들이 모여, 특히 수업 목표가 없고, 평가를 최소화한다는 원칙으로 긴 시간 읽기를 진행하기 때문이지요. 공간 확보부터 간식 준비, 교재 준비와 아이들 배치 등등 다양한 문제에 대해서 가이드가 필요합니다. 여기서는 기존의 몰입독서 경험을 통해 왜 '몰입독서'가 필요한지, 그리고 어떻게 진행되고 있는지, 성과와 앞으로의 과제는 무엇이 있는지 살펴봅니다.

그리고 무엇보다도 어떤 교재를 선택할지 함께 진행하는 학부모들끼리 협의해야 합니다. 책 선정은 까다로운 과정입니다. 독서 '편식'을 염려하는 부모, 위인선이나 지식 책만 읽히고 싶어 하는 부모들이 있습니다. 자녀가 수준이 높다고 또는 특정 분야에 관심이 크다고 역사책을 허용해 달라고 부탁하기도 합니다. 이런 문제도 여기서 함께 다루겠습니다.

'몰입독서'는 6시간을 책에 집중해야 하는 힘든 과정이기에 아이들은 자기 부모에게 대가를 요구할 수 있습니다. 아이 특성에 따라 다르므로 예외를 둘 수밖에 없지만 함께 하는 활동이므로 어느 정도 선은 정해야 합니다. 실제로 강의 때에도 학부모들이 궁금해하는 것들이고 몰입독서에서도 종종 갈등을 일으키는 문제입니다. 진행하기 전에 같이 협의하고 논의하면 좋겠습니다.

1
장

몰입독서 :
모여서 함께 읽기

언제, 어디서, 누구와 함께 읽을까?

'공동체 독서'는 박영목에 따르면 '가정, 학교, 지역, 회사, 종교 단체, 동호회 등 우리 사회의 수많은 공동체에서 다양한 방식으로 이루어지는 독서 활동'(〈독서와 문법〉)이라고 합니다. 각 사회 공동체는 이런 독서 활동을 통해 공동체의 결속과 정서적 유대감을 형성할 수 있다고 하지요. 교사 백화현은 자신이 실천한 가정 독서를 다음과 같이 소개하고 있습니다.

"아이들은 2년 동안 매주 일요일 저녁 7시 30분부터 2시간 우리 집에 모여 활동했다."(〈보다 나은 삶을 꿈꾸는 도란도란 책모임〉)

대체로 아이들 중심의 가정 독서는 자녀를 중심으로 가족끼리 또는 친구 몇몇을 포함해서 진행합니다. 장소는 집에서 또는 카페 등 공간을 빌려서 책을 읽거나 토론을 하지요.

우리는 '몰입독서'란 이름으로 또래보다는 선후배가 같이 모여서 공동체 독서를 실천했습니다. 가정보다는 도서관 등 책으로 둘러싸인 곳을 섭외했는데 특히 독후활동을 거의 하지 않았기 때문에 일반적인 독서 지도와 크게 달랐습니다.

이런 공동체 독서는 가정 독서와 전혀 다른 고민거리를 던져줍니다. 집에서는 주로 '무슨 책을, 어떻게, 왜' 읽힐지 고민합니다. 만일 소설만 읽는다면 역사책이나 과학책을 읽도록 어떻게 유도해야 할지, 학습만화라도 권해줘야 할지, 또는 읽어도 주제를 파악하지 못한다면 독서 지도를 받아야 할지 고민하고 결정합니다.

대신 '언제, 어디서, 누구와 함께' 읽으면 좋을지는 생각해 본 적이 없죠. 독서는 당연히 자투리 시간에 자기 방에서 혼자 읽는 것이라고 여겼기 때문입니다. 이 조건에 대해서는 별로 의심을 하는 분들이 없죠.

그런데 그게 최선일까요? '무엇을, 어떻게, 왜'라는 의문 대신에 '언제, 어디서, 누구와 함께'라는 의문으로 독서를 접근해 보면 어떨까요?

❶ 자투리 시간 활용이 적절한가? → 시간 정해서 읽기

대부분 아이들은 여유가 없습니다. 책보다 재미있는 매체도 있죠. 그런데도 책 읽는 시간을 따로 마련한 가정은 드문 것 같습니다. 학교 과제로 주어진 책도 제출 시한에 맞춰 급하게 읽는 경우가 다반사입니다. 학생 평가의 중심에 있는 과목이 아닌 탓에 독서는 늘 후순위가 됩니다. 부모가 독서를 중시하더라도 우리 시대는 아이들이 틈틈이 책 읽기를 기대하기 힘들죠.

요즘 아이들은 공부할 때 단기기억을 중시하고, 지식 간의 통합을 고려하지 않습니다. 모르는 내용을 탐구하기보다 아무 생각 없이 풀이 방식을 익히고 외우는 형태로 공부합니다. 그래서 시험 답안지를 제출하고 교실을 빠져나오는 순간 대부분 내용을 잊어버리고 맙니다. 독서도 이런 식으로 진행하지요. 흥미 만점의 책도 며칠 지나면 주인공 이름이나 책 제목조차 까먹죠. 심지어 주인공 이름이 뭐였지 고개를 갸웃하며 다시 훑어보는 경우도 거의 없는 것 같습니다. 그리곤 재미없다거나 중요하지 않다는 식의 이유를 대면서 '기억할 필요가 없다, 기억나지 않는다'고 말합니다.

그렇다면 오히려 책 읽는 시간을 정해주고 책 읽기를 다른 숙제나 공부보다 먼저 하게 하면, 쫓기듯 책을 읽지 않고 여유 있게 음미할 수 있지 않을까 기대할 수 있습니다. 아이들이 책을 읽을 때 부모가 '숙제 다 했어?'라고 재촉하면 모처럼의 독서가 입안에 넣고 녹여 먹을 시간이 없을 것입니다. 실제로 책 읽기를 조금이라도 좋아하는 아이들은 종종 '다 읽을 때까지 방해받지 않았으면 좋겠다.'라고 말합니다. 책을 읽고 생각할 줄 아는 아이를 원한다면 우선 책 읽기 시간부터 확보하는 것이 필요하지 않을까요?

❷ 자기 방에서 읽는 것이 최선인가? → 책으로 둘러싸인 낯선 공간에서 읽기

아이가 책이 아닌 물건으로 둘러싸인 공간에서 책을 읽을 때를 생각해 봅시다. 책을 읽으면서 상상의 세계로 빠져들다가도 주변을 둘러보면 어떤 생각이 들까요? 자기 방이라면 익숙한 물건들이나 할 일 등이 눈에 들어오면서 책 세계에서 곧바로 빠져나오지 않을까 염려됩니다. 책상 위에 놓인 문제집이 눈에 띄고, 책상 밑에 있는 놀이도구가 가슴을 요동치게 만듭니다. 거실도 마찬가지죠. 잠깐 고개를 들다가 마주친 텔레비전이나 컴퓨터는 자동적으로 '더 재미있던 기억'을 연상시킵니다. 어른들도 이런 경험이 있기는 마찬가지지요. 그래서 도서관이나 카페에 가서 책을 읽는 사람들이 점점 늘어나죠.

일주일에 한두 번 또는 방학 때 시간을 잡아서 책으로 둘러싸인 낯선 공간에서 책을 읽게 하면 어떨까요? 도서관이 제일 좋기는 하죠. 다만 몇몇 문제들을 해결해야 합니다. 먼저 도서 선택 문제. 아이들이 혼자 가면 주로 만화, 정보 책을 고릅니다. 부모가 어떤 책을 읽을지 찾아줄 필요가 있는데 먼저 읽고 판단하기는 쉽지 않지요. 그렇다면 학교나 독서단체에서 추천하는 책 가운데 골라서 먼저 읽게 하고 그 이후에 아이 스스로 다른 책을 골라서 읽도록 하면 좋죠.

다음은 시간 문제. 도서관은 늦게까지 문을 여는 곳이 많지 않아 아무 때나 이용할 수가 없죠. 몇몇이 모여서 카페 같은 공간을 빌리거나 품앗이처럼 친구 집을 돌아가며 활용하는 것도 좋은 대안입니다.

❸ 혼자 읽을 때 가장 집중할까? → 선후배와 함께 모여서 읽기

책을 집중해서 읽으려면 '혼자' 읽어야 한다고 생각합니다. 그래서 형편이 된다면 아이들에게 방을 따로 주고 혼자 읽도록 시킵니다. 특히 부모가 책을 즐겨 읽지 않는다면 아이가 거실에 나오는 것은 공부하지 않을 때뿐, 자기 방에서 읽는 것을 당연한 것으로 여깁니다.

그런데 혼자 있을 때 가장 집중할 수 있을까요? 요즘처럼 과제는 쌓여 있고 경쟁이 내면화된 상태에서는 혼자 책을 본다고 집중하지 못할 것입니다. 방금 전에 읽은 내용인데 전혀 기억에 남아 있지 않았던 경험은 어른이라면 누구나 겪었을 것입니다. 아이들도 마찬가지지요. 정보와 영상들이 내 의지와 상관없이 머릿속에 돌아다니고 있고, 시간이 남아도 자유롭지 않습니다. 앞뒤로 해야 할 일이 어깨를 짓누르고 있으니 책을 읽어도 음미할 여유가 없습니다.

발상을 바꿔봅시다. 혼자 읽는 것이 아니라 여럿이 함께 읽으면 어떨까요? 일단 불편하다는 느낌이 들겠지요. 더구나 옆에 아는 사람이 있다면 집중하는 데 방해가 될 것 같습니다. 상상의 세계로 자유롭게 넘나들려면 뭔가 불편한, 간섭받는 듯한 분위기에서는 가능하지 않을 것 같습니다.

그렇지만 실제로 경험해보면 긴 시간을 읽을 때 내면의 잡념보다 옆 사람의 존재를 무시하기가 더 쉽습니다. 더구나 같은 공간에서 나와 같이 책을 읽는 사람이 있다는 것은 무엇인가 공통의 일을 하고 있다고 느끼게 해서 심리적으로 쫓기지 않습니다. 가능하면 도서관처럼 모르는 사람들과 함께 읽는 것보다는 친구들이나 특히 선후배와 함께 읽는 것이 좋습니다. 친구라면 서로 책 두께나 속도를 비교하며 은근히 경쟁하는 경향이 있습니다. 그래서 아이 친구가 아니라 친한 부모들의 자녀를 중심으로 함께 책 읽기를 한다면 선후배가 모일 것이기에 긍정적인 환경이 만들어집니다.

❹ 바람직한 독서 환경을 꾸미는 과정은?

우선 책 읽기를 중시하는 부모들과 기본 협의를 합니다. 지식의 양을 늘리는 게 아니라 독서능력을 스스로 높이는 것에 목표를 두기 때문에, 일반적인 독서 지도와 다르게 접근해야 합니다. 그림책이나 옛 이야기, 동화를 주로 읽습니다. 물론 판타지보다 생활 동화부터 권하지만 추천 도서에 나오는 책은 아이에 따라 허용하기도 합니다. 지식책을 허용하면 시간이 지남에 따라 잡지, 학습만화 등을 읽는 쪽으로 바뀝니다. 설령 독서 지도 경험이 있는 학부모가 있더라도 절대 가르치려고 하지 않습니다. 그렇게 하면 다른 공부와 아무 차이가 없지죠. 나아가 책 내용을 물어보면 아이들은 잔머리를 쓰는 데 힘을 쓰기 때문에 확인이나 평가는 할 수 있는 한 최소화하는 것이 좋습니다.

이런 목표를 정한 다음 누가 참가할 수 있는지 대략 인원을 정합니다. 10명 전후가 적절하고, 15명이 넘으면 다소 힘들어집니다. 학년이 다른 아이도 환영하고, 가능하면 중·고등학생이나 대학생도 참여시킵니다. 그러면 분위기가 무척 달라집니다. 방학이라면 1~2주에 걸쳐 매주 4~5일 정도 하루 4~6시간씩 진행하고, 학기 중이라면 한 달에 두 번 정도, 주중 또는 주말에 모여 3~5시간 진행하기로 정합니다. 아이 일정에 따라 부분 참여만 가능하다는 회원이 있다면 어떻게 할까요? 원칙은 없습니다. 각 모임별로 상황에 맞게 정하면 됩니다.

다음에는 장소입니다. 카페 등 별도의 공간이면 좋겠지만 쉽지 않을 테고, 누구 집에서 하거나 도서관 한쪽 구역에 모여 같이 책을 읽기도 합니다. 어느 곳에서 하던 부모가 읽을 책을 정하거나 준비해야 합니다. 도서관에서 아이들이 직접 선택하는 책은 대체로 흥미 위주의 책이기 때문에 어느 정도 통제해야 하지요. 시간이 길어지면 간식 또는 점심을 준비하고, 1~2학년에게는 아이들이 힘들어할 때 읽어주기 시간을 갖습니다. 쉬는 시간은 아이의 집중 상태를 고려해 정하는데 대체로 50분 읽고 10분 쉬도록 합니다. 의욕이 강하다고 2시간 이상 연속 읽는다거나 아이들의 항의를 받아 휴식이 20분 넘는 일도 있는데 그렇게 하면 뒤로 갈수록 집중이 흩어질 가능성이 있습니다.

당연히 부모 몇 사람이 참여해서 아이들이 읽는 태도를 관찰해야 합니다. 독서능력 향상이라는 목표가 있어서 우선 집중력의 상태, 변화 등에 주목합니다. 부모 중 일부는 옆자리에서 책을 읽는 모습을 보여주는 것도 좋습니다. 본인들도 새로운 경험이고 아이들에게도 좋은 모범이 될 것입니다. 부모들은 관찰하는 것이나 집중해서 책을 읽는 것 자체가 쉽지 않다는 점을 느낄 것이고, 아이들은 부모와 같은 활동을 해서 좋아할 것입니다. 많이 개입하지만 않는다면 말이죠.

몰입독서 사례담

몰입독서는 주로 방학 때 집중적으로 진행합니다. 하루 6시간씩 주 5일, 1~3주. 그렇지만 방학 중에 향상시킨 독서능력을 유지하려면 평소에도 계속하는 게 바람직하죠. 학기 중이라면 매주 1회 2~3시간, 또는 격주 주말(매월 2회)에 4시간 정도 진행합니다. 여기서는 그동안 진행된 사례와 학교에서 비슷하게 시도한 사례가 있어 간단히 소개합니다.

❶ 방학 몰입독서

스키마언어교육연구소

2015년 여름방학 때 처음 시작한 후 2019년 1월 현재 9차까지 진행했습니다. 처음 시작할 때부터 줄곧 1일 6시간 몰입독서를 고집했지요. 방학에 따라 1주간 또는 4주간 진행하고, 아이들은 대략 20~30명 정도 참여합니다. 2019년 1월에는 13일간 진행했는데, 학생 24명과 대학생 조교 5명, 교사 5명이 참여했습니다. 학생 중 최고 학년이 중1로 최근엔 중학생 참여가 줄어드는 추세입니다. 그동안 여러 번 참여한 학생 중에 ㅇㅇ시(초5)는 324시간, ㅇㅇ준(초6)은 354시간, ㅇㅇ관(고2)은 294시간 책을 읽었습니다. 2020년 1월에는 3주간 진행했는데 많은 인원이 모였습니다. 특히 초등 4학년 남자아이들의 참여가 눈에 띄었습니다. 초등 남자 고학년의 읽기능력이 문제되고 있지 않나 추측해봅니다.

창동 지역

2016년 여름에는 연구원 개인 집에서, 2017년 겨울에는 길음 뉴타운 대우푸르지오 문화센터에서 진행했습니다. 여름에는 초3부터 중3까지 13명이, 겨울에는 초3부터 중1까지 10명이 참석했습니다. 도서관이 아니어서 책을 준비해도 늘 부족한 점이 한계로 지적됐습니다.

서초구립어린이도서관

2016년 겨울방학부터 3차까지 운영했습니다. 6시간씩 2~3주간 진행하고 각각 17~20명 참여했습니다. 고등학생과 대학생이 조교로 참여하고 교사 2명이 지도했습니다. 불행히도 도서관이 폐관되는 바람에 3차로 끝났습니다. 당시 관장 이은희는 몰입독서 운영 사례를 2017년 전국도서관대회에서 발표했습니다.

안양시 삼봉초등학교

이곳에서 진행한 품앗이 몰입독서는 스키마언어교육연구소 강좌를 들은 학부모들이 후속 모임을 열고, 아이들에게 스키마독서를 접하게 하고 싶다는 바람으로 이루어진 경우입니다. 학부모회에서 '경기도 안양과천교육지청 학부모동아리 공모사업'에 몰입독서 프로그램을 신청해 선정되었습니다. 첫 몰입독서는 2016년 8월 여름방학에 시작했고, 2017년 2월과 8월, 2018년 8월까지 총 네 차례 이뤄졌습니다. 학교 도서관에서 매일 4시간씩 책을 읽었지요.

노원구 상계초등학교

'서울시 교육청 학부모회 학교 참여 공모사업'에 상계초 학부모회가 '몰입독서'로 사업안을 제출, 선정되어 시행된 사례입니다. 운영 주체인 학부모회가 아이들의 몰입독서를 직접 지도하고 관리하기 위해 학부모 연수를 우선 시행했습니다. 이후 학부모들이 독서 지도와 간식 준비 등 봉사자로 역할을 분담해 적극적으로 참여했습니다. 약 40여 명의 참여 신청을 받아 20명씩 나누어 2017년 7월 31일부터 8월 11일까지 2주간, 매일 4시간씩(9시 30분~2시 30분) 3층 교실에서 시행했습니다. 학교 측에서는 도서관에서 권장 도서들을 대출할 수 있도록 했고, 또 이를 위해 도서관에서 가까운 3학년 교실을 사용하도록 지원해 주었다고 합니다. 겨울에도 학교 자체 지원으로, 한 주에 20명씩, 2주에 걸쳐 총 40명이 참여해 독서캠프를 시행했습니다. 2018년에도 여름방학에는 교육청, 겨울방학엔 학교에서 지원하여 독서캠프를 이어갔습니다.

 # 개포도서관

개포도서관 독서동아리 '어린이책과 함께' 회원들은 회원 개인 집에서, 2017년 8월 14일부터 18일까지 30시간 몰입독서를 진행했습니다. 동아리 회원들의 자녀 13명과 어른 3명이 모여 책을 읽었지요. 초등학생은 5일, 중고등 학생은 일찍 개학해서 3일만 참여했습니다. 초1부터 초5까지 초등학생 10명, 중1 학생 4명, 총 14명이 참여했습니다. 2019년 여름은 아이들의 읽기 능력에 따라 개별로 진행했습니다. 중간에 따로 쉬는 시간을 두지 않고 점심 후 놀이 시간을 두어 가벼운 산책과 놀이터에서 놀기를 했고 2020년 겨울에는 대모산 둘레길을 산책했습니다.

노원구 창원초등학교

서울도서관 지원 몰입독서 강좌(6회)를 듣고, 일부 학부모들이 주체가 되어 2018년 1월 2일부터 6일까지, 2월 26일부터 28일까지 1, 2차에 걸쳐 진행했습니다. 지혜등대작은도서관에 모여 하루 5시간씩, 총 40시간을 시행했습니다. 도서관 책상 옆 창가 쪽으로 권장 도서목록을 따로 비치해 읽을 수 있도록 했습니다. 다만 도서관 이용객들이 민원을 제기하는 바람에 창원초등학교의 학부모들만 따로 모여 도봉구청학교지원 공모사업에 신청하고, '그루터기' 독서 모임 주최로 학교에서 몰입독서를 시행했습니다. 학교에서 교실 2개를 사용할 수 있도록 허가해주고 도서관에서 권장 도서를 일괄 대출해주었습니다. 또 학교장 직인을 찍은 인증서를 발급하여 교장 선생님께서 직접 아이들에게 나눠 주셨습니다. 여름방학에는 2주간 2차(주별로 5일, 매일 6시간씩)에 걸쳐 학생 23명과 학부모 18명이 참석했고, 겨울/봄 방학에는 2주간 2차(주별로 3일, 매일 6시간씩)에 걸쳐 학생 26명과 학부모 25명이 참석했습니다.

개울도서관

이 도서관 몰입독서동아리는 스키마언어교육연구소에서 진행한 2017년 10월 10일부터 11월 14일까지 6차시의 '책 읽는 서울—독서능력 향상을 위한 학부모 강좌'를 들은 학부모들로부터 시작되었습니다. 강좌를 들은 학부모들이 그들의 자녀로 구성된 후속 모임을 만들어 2017년 12월 12일부터 22일까지 1주에 4일씩 조교 2명을 포함하여 각각 9명, 10명으로 조를 나눠 16시간씩 몰입독서를 진행했습니다. 참여 자녀는 초등 1학년부터 초등 4학년까지 있었습니다. 몰입독서 지도 및 간식 준비는 학부모가 담당하고, 연구원이 하루 2시간 이상 아이들 지도에 도움을 주었습니다. 2020년 2월 방학 몰입독서는 코로나19로 인해 각자 집에서 4일간 진행하였습니다. 개별 독서는 톡으로 인증샷을 올렸습니다. '같은 책 빨리 듣기'로 몰입독서를 진행한 후에는 의문이나 생각 또는 느낌 등을 밴드에 올려 공유하는 방식으로 진행하였습니다.

 # 푸른들청소년도서관

해당 도서관에서 2018년 11월에 몰입독서 강좌(3회)를 들은 학부모들을 대상으로 신청을 받아, 2019년 1월 8일부터 19일까지 2주에 걸쳐 매일 4시간씩 총 40시간 몰입 독서를 진행했습니다. 초등학교 1학년 15명, 중학교 1학년 2명 등 총 17명이 참여했습니다. 초등학교 1학년 7명은 3교시가 되면 학부모들이 그림책을 읽어주었습니다. 도서관 건물 내 3층이라는 독립된 넓은 공간 한쪽에 도서를 비치해 자율적으로 도서를 선택할 수 있게 했습니다. 책은 도서관 측에서 스키마독서 수업 권장도서를 일괄 대출할 수 있게 해주었고, 학부모들이 봉사자로 지원해 주었습니다. 도서관 측에서는 도서관장의 직인을 찍은 인증서를 발급해 주었습니다. 2020년 1월에는 사전 신청자가 많아서 이번에 교육을 들은 학부모님들 자녀로 신청자를 제한했습니다. 인기 있는 방학 도서관 프로그램의 하나로 자리를 잡아가고 있습니다.

❷ 평소 몰입독서

몰입독서의 성과를 이어가려면 방학뿐 아니라 평소에도 일정한 시간을 정해 함께 읽는 공동체 성격의 독서 시간이 필요합니다. 즉 집에서 자투리 시간에 혼자 읽는 것이 아니라 주말이나 저녁 등 일정한 시간에 도서관 같은 곳에 모여 함께 읽는 것이 좋습니다.

스키마언어교육연구소 몰입독서

연구원 자녀를 대상으로 격주 토요일 10시 반부터 4시까지 5시간씩 학기별 8회 진행합니다. 7세부터 참여하는데 유치부는 대학생이 별도로 담당해서 책을 읽어주는 등의 활동을 병행하지요. 예전엔 초등 고학년이나 중학생들도 참여했는데 최근에는 초등 저학년이 대부분이라 성격이 바뀌고 있습니다. 자리가 있으면 부모들도 같이 참석해서 책을 읽어주었고, 대학생 조교의 읽어주기도 병행하였습니다.

분당 품앗이 몰입독서

책 모임 회원들이 몰입독서에 대한 이야기를 듣고 '직접 겪어보고 싶어서' 먼저 어른 몰입독서를 2015년 11월부터 5차례 시행했고, 반응이 좋아 그 후 격주로 토요일에 4시간씩 도서관에서 함께 모여 책을 읽고 있습니다. 방학 몰입독서는 2차로 끝내고, 격주 토요일 4시간씩 진행하는 형태로 발전해 2020년 2월 1일 102회까지 이어지고 있습니다. 최근에는 매회 학생이 10~15명 참석하고, 학부모는 5~7명이 함께합니다.

개울도서관

자녀들의 방학 몰입독서를 경험한 학부모들 주축으로 평소 몰입독서가 진행되고 있습니다. 2018년 3월 17일을 시작으로 매월 첫째, 셋째 주 토요일에 4시간씩 하고 있습니다. 초등 2학년부터 초등 4학년까지 총 10명으로 구성되어 2명의 학부모와 함께 책을 읽습니다. 1, 2, 4교시는 책 읽기 시간이고, 3교시는 학부모가 책을 읽어주면 아이들이 책을 보면서 듣는 시간을 갖습니다.

❸ 학교 몰입독서

학교에서도 아이들에게 책을 읽히기 위해 새로운 시도를 하고 있습니다. 학급문고나 도서관 수업, '아침독서'를 비롯해서 교실에서 학부모 책 읽어주기 등을 시행하고 있지요. 그중 몰입독서에서 영향을 받아 수업 시간 또는 숙제 형태로 책 읽기를 시도한 곳이 있습니다.

 # 서울우면초등학교 6학년 한 학급

2015년 3월부터 2016년 2월까지 다양한 방법으로 학급 아이들과 교실에서 책 읽기를 시도하였습니다. 3~4월 줄거리 발표, 5~6월 의문 갖기를 중심으로 한 독후감 쓰기를 진행했습니다. 2학기에는 독후 활동이 아닌 독서 활동에 집중하기로 하고 11월부터 2월까지 1인 100일 100권 책 읽기를 시작하였습니다. 교사는 독서목록을 작성하여 50권을 교실에 비치하고 창체 시간과 아침 시간, 국어 시간을 최대한 활용하여 독서 시간을 마련해주었습니다. 100권을 읽은 아이는 없었지만 100일 동안 책을 꾸준히 읽은 아이가 4명이었고 10일 이하인 아이가 2명 있었으며 평균 49.5일 동안 18.25권을 읽었습니다.

학교에서 책 읽기를 시작할 때 처음 10분은 소리 내어 읽기를 했는데 아이들이 책에 집중하는 데 도움이 많이 되었다고 합니다. 같은 공간에서 같은 책을 읽었기 때문에 아이들 상호 간에 책에 대한 공감대가 형성되어 좋아하는 책을 서로 추천하기도 하고 책에 관한 대화가 늘었다는 긍정적인 면과 25명의 아이에게 추천 독서목록을 정할 때 독서 수준이 높은 아이와 독서 수준이 낮은 아이에 대한 고려가 부족했다는 아쉬움도 있지요.

서울 중원초등학교 5학년 한 학급

한 학기 한 권 읽기 수업과 연계하여 2018년 4월부터 12월까지 9개월 동안 격주 목요일마다 2시간씩 몰입독서를 진행했습니다. 한 학기 한 권 읽기 수업을 위해서는 책을 미리 읽어야 하므로 교육과정을 재구성하여 몰입독서를 통해 집중해서 읽는 시간을 확보했습니다. 이 시간을 통해 학생들은 수업에 사용할 책(〈불량한 자전거 여행〉, 〈푸른 사자 와니니〉 등)을 읽을 수 있었고, 정해진 책을 다 읽은 후에는 학급문고에 미리 선정해 놓은 책을 읽었습니다. 공간은 교실을 사용했으며 몰입독서를 하는 동안에는 자리 배치, 앉는 자세 등을 제한하지 않았지요. 학생들이 떠들거나 돌아다니지 않을까 처음에는 우려했지만 몰입독서를 시작하는 도입 10분 정도 자리를 바꾸거나 책을 가지러 가느라 어수선했고 그 후에는 신기하게도 책에 빠져들었습니다.

읽기만으로 어떻게 독서능력이 향상될까?

읽기 자체가 독후활동보다 중요하다는 점에 동의하는 사람들도 읽기만으로 과연 독서능력이 향상될지 의구심을 갖고 바라봅니다. 여전히 전문가인 교사가 가르쳐야지만 아이들은 배우고 독서능력이 높아지는 것이 아닐까 하고 생각하는 것이지요.

앞에서 구분한 능력별로 하나씩 살펴봅시다.

❶ 집중력 : 맑음

먼저, 집중력이 높아진다는 점에는 누구나 동의합니다. 초등 2~3학년 아이들이 6시간이라는 긴 시간 동안 집중해서 책을 읽는 모습에 부모도, 아이도 놀라워하고 성취감을 느낍니다. 물론 1시간마다 10분 정도 쉰다는 점, 옆자리에 집중해서 책을 읽는 선배들이 있다는 점, 재미있는 책들로 둘러싸인 공간이라는 점 때문에 성공확률이 높아지기는 하지만 그럼에도 본인이 스스로 노력하지 않으면 불가능한 일입니다.

집에서는 과제 때문에 책만 붙잡고 있을 수 없어서 재미가 떨어진다는 아이(초3, 여)가 이렇게 말합니다.

"(집에서 읽을 때는) 그냥 잠깐 읽고 덮고 다시 읽고. 숙제를 빨리해야 하니까 통째로 읽는 것보다는 정확히는 안 보는 거야. 시간이 여유가 있을 때는 천천히 읽는데."

그리고 이렇게 덧붙입니다.

"이게 몰입독서인 것 같아. 푹 빠져서 읽는 거."

얘기를 들어보면 자신이 집중하고 있다는 점을 분명하게 자각합니다(이 내용은 신현주 선생님이 스키마언어교육연구소 연구원 임명논문을 위해 몰입독서에 참여한 아이들을 인터뷰한 내용입니다. 뒤에도 몇 차례 등장합니다.).

❷ 기억력 : 맑음

그리고 기억력도 높아질 것이라고 대체로 수긍합니다. 집에서 틈틈이 읽으면서 재미있다는 책에 관해 물어보면 대답하지 못하는 아이들도 '몰입독서' 때 읽은 책에 대해서는 시키지 않아도 먼저 줄거리를 얘기한다고 해서 '놀랐다'라는 말을 가끔 듣곤 합니다. 평가하지 않기에 대충 읽을 것이라고 짐작하는 부모들이 많지만 현장에 와서 보면 아이들은 집에서보다 더 집중하면서 책을 읽고, 기억도 많이 하고 있습니다. 몰입독서 공간엔 학급 또는 집보다 재미있는 책들이 많아 억지로 재미없는 책을 읽을 필요가 없다는 점도 이유가 되겠지요.

3학년 남자아이에게 물었습니다.

"집중해서 읽으니까 기억력이 올라가는 것 같아?"

"집중해서 읽다 보면 뭐랄까 재미있는 책은 순서가 어지럽잖아요. 그런 걸 기억하려다 보니까 자연스럽게 좋아져요."

"왜 기억하려고 해?"

"안 기억하면 그 전이랑 그 후 이야기가 이어지는데 어떻게 되는지 모르니까 다시 봐야 하잖아요."

❸ 사고력 : 구름 뒤 햇살

그러나 많은 부모가 사고력 성장에 대해서는 회의적입니다. 몰입독서는 별다른 결과물도 요구하지 않으므로 아이들이 집중하더라도 책을 읽고 생각하지는 않을 거라 짐작하는 것이지요. 물론 논리적인 사고력, 문제 해결 능력이나 개념적 사고 등은 직접 가르치지 않으면 배우기 힘들 것입니다.

그렇지만 창의성이나 비판적 사고력의 바탕이 되는 상상력은 어느 경우보다 활발할 것입니다. 로알드 달이 쓴 〈마틸다〉의 마틸다처럼 책의 세계로 빠져들어 가는 것이지요. 이것은 시간에 쫓기지 않고, 평가나 비교를 두려워하지 않고 소위 책을 음미하거나 감상할 수 있는 조건이기에 가능할 것입니다. 초등학교 5학년 남자 아이는 이렇게 말합니다.

"저는 책을 읽을 때 한 권을 꽤 오랫동안 읽는 편이라 그것에 대해 생각하는 편이 많아요. 저는 긴 책을 2주일 정도 읽는데 생각할 것도 많고."

근데 학교 숙제로 일주일에 2번 써서 제출하는 과제가 있으면 그런 분량의 책을 그런 시간의 단위로 읽느라 생각하지 못한다고 합니다.

몰입독서를 할 때 하루에 20~30분 짧게 아이의 수준에 맞게 줄거리나 의문 갖기 등을 쓰게 하지요. 그리고 주변에 그 책을 읽은 고학년이 있으면 답변을 써서 생각 주고받기를 합니다. 그렇지만 이런 활동으로 사고력이 높아진다고 보지는 않습니다. 그보다는 이런 과정을 통해 성향이나 수준을 파악해서 그 아이의 사고력을 높이는 데 적합한 책을 추천하는 데 참고합니다.

❹ 독해력 : 구름 뒤 햇살

독해력도 마찬가지입니다. 책을 다 읽고 나서 감상이나 주제를 묻지 않으니 당연히 제대로 독해했는지 부모는 파악할 수 없겠지요. 아이가 재미있다고 말하는 책도 독해하지 못한 경우가 많이 있으니까요.

우리는 기억력이나 사고력이 높아진다면 일반적으로 독해력도 따라서 높아진다고 생각합니다. 저학년은 대체로 자연스럽게 독해력도 좋아집니다.

초등학교 3학년 남자 아이는 이렇게 말합니다.

"이해도 조금 더 좋아진 것 같아요."

"어떻게 좋아진 것 같아?"

"똑같은 책을 다시 읽을 때 느낌도 다르고 빠뜨리거나 이게 뭔 말이야 그러면서 지나갔던 걸 다시 읽으니까, 아 이런 말이구나 알 수 있었어요."

독해력을 향상시키기 위해서는 추가 독서를 유도합니다. 예컨대 고학년은 공책 한쪽에 글을 쓰라고 하고 이와 관련된 책을 추천합니다. 중1 아이가 〈휘파람 반장〉(시게마츠 기요시)을 읽고 쓴 글에는 따돌림을 당한 친구를 당당하게 도와주는 내용이나 친구를 통해 자신이 성장한 것을 언급한 내용이 있었지요. 그래서 처음 내용과 관련된 책으로 〈낫짱이 간다〉(김송이), 둘째 내용으로는 〈내 친구가 마녀래요〉(코닉스버그)를 소개하고 한 권 또는 두 권을 읽게 했지요. 흔히 〈우리들의 일그러진 영웅〉(이문열)을 재미있게 읽었다면 〈아우를 위하여〉(황석영)를 읽게 합니다. 수준이 더 높다면 전상국의 단편 〈우상의 눈물〉도 같이 읽게 합니다.

초점을 정해서 읽기와 쓰기를 유도하는 경우도 있습니다. 이를테면 형제자매 관계나 부모와 주인공의 관계, 교사와 학생 관계 등을 고민하면서 읽으라고 말하는 것이지요. 부모와 주인공의 관계가 억압적인지 자유로운지, 문제를 해결할 때 누구의 도움을 받았는지 등을 구체적인 장면을 근거로 들어 평가하고 비교하게 합니다.

중3 남자아이에게 2권의 소설을 읽고 주인공과 아빠의 관계를 쓰라고 했습니다. 인종 차별에 관한 소설인 〈위험한 하늘〉(수잔느 스테이플스)을 읽고는, 주인공(백인 소년)이 자신의 "안전을 생각해서 튠(흑인 소녀, 주인공 친구)과 떨어뜨려 놓으려는 아빠의 마음을 모르고 아빠와 감정적인 싸움을 계속한다."라고 글을 썼고, 〈앵무새 죽이기〉(하퍼 리)를 읽은 뒤에는 "아빠가 흑인을 변호한다는 이유로 생명에 위협을 느끼기도 하고 욕도 먹지만 끝까지 아빠를 지지한다."라고 썼습니다.

고2 남자아이는 가난과 관련된 두 권의 책, 즉 20세기 초 미국의 상황을 배경으로 한 〈빵과 장미〉(캐서린 패터슨)와 〈고아 열차〉(크리스티나 클라인)를 읽고 주인공과 엄마의 관계에 관해 썼습니다. 〈빵과 장미〉에 대해서는 "로사는 엄마가 파업 시위에 나가는 것을 싫어하고 이 때문에 갈등하기도 한다."라고 썼고, 〈고아 열차〉에 대해서는 "명목상 양자로 데려왔지만, 비비안을 혹사하고 거의 노예로 본다."라고 썼습니다.

이처럼 초기에는 부모가 그 관계를 규정할 범주를 제시할 수 있습니다. 이를테면 부모와의 관계가 '지지/격려'인지, '갈등/대립'인지, '무관심'인지, 또는 '합리적/이성적'인지, '비합리적/감정적'인지 규정하고, 아이는 책에서 나온 관계를 보고 이 중에서 한두 가지를 선택합니다. 이렇게 하루에 한 권씩 월요일부터 목요일까지 4일 동안 쓰고 금요일이 되면 4편의 글을 정리해 한 편의 글을 완성합니다. 이렇게 되면 제법 분석적인 형태의 글이 나오지요.

위 중3 아이는 〈위험한 하늘〉에 대한 일반 독후감에서 "백인들은 흑인에 대한 편견들을 평생 지니고 살아가면서 그 편견을 일종의 규칙이라고 착각하는 것 같기도 하다. 그들은 아마 인종 차별의 편견에 대해서 한 번도 비판하거나 깊이 생각해 본 적이 없을 것이다."라고 썼습니다. 그런데 〈빵과 장미〉를 포함, 세 권의 책을 읽고 주인공과 아빠의 관계에 초점을 둘 땐 이렇게 썼습니다. "나와 아빠의 관계 또한 합리적이고 격려의 관계가 많다. 그런데 주인공이 남자인 책에서는 아빠와의 대립 관계가 나타나기도 한다. 이것은 남자아이들이 여자아이보다는 아빠와 더 접촉을 많이 함으로써 더 많은 관심을 보인다는 것을 보여준다. 신기한 것은 아버지의 지위와 상관없이 아이들이 아빠에게 자신의 의견을 계속 표현하고 때론 대들기까지 하는 것을 보며 가부장 사회였던 우리나라의 분위기와는 살짝 다르다고도 생각했다(참고로 이 학생은 〈빵과 장미〉에서 주인공을 제이크로 보고 주인공과 아빠의 관계에 대해 "항상 자신에게 화를 내고 폭력을 행사하는 아빠가 죽었으면 좋겠다고 하지만 막상 죽으니 공포에 질린다."라고 썼습니다.).

"몰입독서를 하면서 스스로 어떤 변화나 성장이 있었다고 생각되나요?"라는 질문에 한 아이(고1, 여)는 이렇게 답했습니다. "제가 앞뒤가 하나도 안 맞았는데 단어나 말하는 게 느는 것 같아요. 책에 좋은 말들이 많잖아요. 그런 걸 보다 보니까 말하는 기술도 느는 것 같고, 말을 정리해서 하게 되는 것 같고, 책도 많이 읽으면 글도 잘 쓰게 되고, 저는 마무리 정리를 잘하지 못했는데 옛날에 독서 기록 쓸 때 마무리를 못 했는데 지금은 뭐 뭐 했다 이렇게 마무리를 해요."

물론 표현은 최소로 하니까 표현력은 잘 늘지 않겠지요. 몰입독서에서는 기억이나 독해를 점검하지 않지만, 오히려 점검하지 않기 때문에 기억력이나 독해력 같은 능력이 향상되는 것 같다는 생각도 합니다. 기억과 독해는 평가 없이 하기도 어렵고 읽기가 전제되지 않고서는 능력이 높아지지 않겠지요. 몰입독서로 능력이 높아졌다는 것은 학교나 사교육에서 평가받을 때 확인하면 충분하지 않을까요?

아이들의 성취 경험

몰입독서를 관찰하고 정리한 다른 사람의 글을 모았습니다. 제 입장에 동의하는 분들이라 100% 객관적이라고 할 수는 없습니다. 그럼에도 분명 참고가 되리라고 생각합니다.

❶ '해냈다'는 사실에 스스로 자부심을 느낀다

– 이은희 전국도서관대회 발표 논문. "구립서초어린이도서관 진행, '몰입독서' 운영 사례", 2017.

부모들은 하루 6시간, 그리고 1주일을 버틴 것에 대해 놀라움을 표시한다. 아이도 자신을 대견스럽게 생각한다. 그래서인지 부모들이 아이가 어떤 책을 읽었는지 덜 관심을 끌게 되는데, 오히려 아이가 먼저 자신이 읽은 책 내용을 이야기해서 놀랐다고 한다. 예전에는 읽은 책의 내용을 물어보면 모른다고 했었는데, 그 점에서 큰 변화가 있었다.

- 초2 ○○하 부모 : 아이는 2주간, 매일 6시간이나 독서를 한다는 걸 알려주자 부담을 느끼는 듯했지만, 매일 저녁 집으로 돌아와서는 몰입독서를 해낸 자신에 대해 엄청나게 자랑스러워하며 엄마로부터 칭찬을 받고 싶어 했다. 또 자기 전에 동생에게 책 내용을 이야기해 주면 동생은 다음 날 형이 읽어준 책이 뭐냐며 찾게 된다. 형은 동생이 경청하니 또 기분이 좋아져서 다른 발표할 책을 찾아 읽는다(〈슬로독서〉 9~10호).

- 중1 ○○진 부모 : 독서도 독서지만, 책 한 권을 시간 될 때마다 조금씩 읽었던 아이가 한자리에서 끝까지 쭉 읽어가니까 내용이 새롭고 감동적이었다고 말했다. '좋았다'라는 아들의 짤막한 한마디에 나도 '다행이야'라고 웃으며 답했다. 아이도 나도 업그레이드된 느낌이 든다.

❷ 긴 시간 몰입해서 읽었다는 점에 대해 만족해한다

– 이은희, 위 논문

우선 시간이 부족해서 책을 읽고 싶어도 읽지 못한 아이들이 적극적으로 참석했다. 이들 중 고학년의 경우 방학을 보람 있게 보내고 싶어서, 즉 아침 시간에 무기력하게 보낸 경험이 많아 참석했다는 아이도 있다. 책이 중요하다는 것을 알고 있지만 공부 때문에 충분히 읽지 못하게 해서 미안한 마음이 든 부모들도 이런 기회에 자녀를 참여시켰다.

- 초5 ○○일 : 집에서 책을 읽으려면 방해되는 게 너무 많아서 집중이 잘 되지 않는다. 그 방해되는 것은 동생이나 소파나 장난감 같은 것들이다. / 평소에는 숙제하고, 수업 책 읽느라 다른 책을 못 읽어서 주말에만 내가 읽고 싶은 책을 읽을 수 있는데, 몰입독서에서는 그냥 읽기만 하니까 참 좋았다.

- 대2 ○○현(조교) : 대학생의 자유로운 생활에 익숙해진 나는 평소에 책을 읽는 습관이 사라진 지 오래였다. 그렇다고 혼자 해보자 하니 의욕도 안 나고, 이런저런 핑계를 대고 미루기만 했다. / 평소 같으면 늦잠을 잤을 방학 아침에도 몰입독서 참여를 위해 일찍 일어났다. 혼자 공부를 할 때는 집중력이 떨어지면 '멍 때리고' 있다가 그만두고 놀았는데, 몰입독서에서는 책 읽기를 그만둘 수 없었다. 할 게 없기 때문이다.

- 초2, 초4 ○○한 부모 : 책 읽기를 좋아하는 두 자매를 보내면서 내가 기대했던 바는 더 많은 책을 읽는 것은 아니었다. '몰입독서'에서 독서보다는 '몰입'에 더 큰 의미를 두고 참여를 권했던 것이 사실이다. 애초에 어떤 가시적이고 즉각적인 성과를 기대하고 보냈던 것이 아니기에 2주 동안 잘 참여했다는 것만으로도 나는 두 아이에게 너무나 고맙고 기특한 마음이 든다. 무언가에 몰입해 보는 경험을 했다는 것 자체가 의미가 있고, 그 몰입의 대상이 독서였기에 엄마로서는 더할 나위 없이 좋은 기회였다고 생각한다.

❸ "뿌듯해요."

– 신현주 미발표 논문에서 발췌. "몰입독서에 참여한 아이들의 경험에 관한 연구", 스키마언어교육연구소 연구원 임명논문. 2019.

읽고 싶은 책을 고르고, 조용한 공간과 함께 책을 읽는 친구들, 넉넉하지만 꽤 긴 시간 속에서 책의 세계에 빠졌다가 나오기를 반복하며 책을 읽고 난 후에 아이들은 무엇을 느낄까? 그렇게 조금씩 아이들의 몸과 머리에 새긴 독서의 기억을 아이들은 어떻게 느끼고 있을까? '몰입독서를 한 후 어땠어?'라고 물었을 때 많은 아이가 수영이처럼 "힘들었어요." 다음에는 "그런데 뿌듯했어요."라고 말한다. 마지막으로 그러면서 몰입독서에 다시 오고 싶다고 한다.

- 연구자 : 몰입 독서의 어떤 점이 수영이를 용인에서 여기까지 오게 해요?
- 최수영 : 평소에 밖에서는 많은 일이 있고 그런 것 때문에 몸이 지치고 힘든데, 여기 오면 여유로워요. 일부러 힘든 거 하고 나서 쉬는 거. 이렇게 책 읽고 집에 가서 쉬는 게 좋아요. 24시간 쉬는 것도 좋지만, 엄청 힘든 거 하고 쉴 때가 좋아요.

아이들 이야기를 통해 힘듦과 뿌듯함의 사이를 오가는 모습을 좀 더 깊이 들어가 보자. 몰입독서를 한 후 자신이 느끼는 변화나 성장도 다양하게 나타난다.

찬희와 우현이는 둘 다 초등학교 3학년 남자아이로, 몰입독서를 하기 전에는 책을 별로 좋아하지 않았다고 했다. 엄마의 권유로 몰입독서에 참여했는데 이곳에서 책을 다 읽고, 재미를 느끼게 되었다. 살아가다 보면 남들이 좋다고 해도 나는 못 할 거야 생각되는 일이 있다. 찬희와 우현에게는 '독서'가 그런 일이었다. 주위에서는 책을 읽으면 좋다고 하는데 나와 거리가 멀다고 생각했는데 몰입독서에 참여하면서 그걸 자꾸 해내는 자신을 보니 무척 뿌듯한가 보다.

- 연구자 : 찬희는 몰입독서를 다 하고 나면 느낌이 어때?
- 오찬희 : 일어서면 발목이 저리고 그래요. 하지만 그런 걸 별로 못 느끼는 것 같아요. 몰입독서를 한 뿌듯함이 발 저린 걸 이긴 것 같아요.
- 연구자 : 어떤 점이 뿌듯해?
- 오찬희 : 왜냐면요, 6시간 동안 책을 읽으면 오늘은 재미있는 이야기를 읽었다는 것도 뿌듯하고 제일 뿌듯한 건 제가 책을 좋아한다는 거예요. 제가 맨 처음에 어렸을 때 만화를 되게 좋아했거든요. 그래서 그런데 이모를 만나고 나서부터 자연스럽게 책을 좋아하게 됐거든요. 옛날에는 텔레비전 안 보니까 화나고 짜증나고 그랬는데 그런 걸 극복했다는 게 뿌듯해요.
- 연구자 : 책을 좋아하는 자신을 보는 게 뿌듯해? 책이 찬희를 성장시킨다는 뜻인가?
- 오찬희 : 제 키가 아니라 제 생각의 나이를 성장시키는 것 같아요.

- 연구자 : 우현이는 어때? 몰입독서 하고 난 뒤에 달라진 점이 있어?
- 지우현 : 제가 집중력이 좀 더 좋아진 것 같아요. 옛날에는 뭔가 게임이 나 놀 때를 제외하고 공부하거나 그럴 때는 집중이 잘 안 됐거든요. 제가 원래 별로 안 좋아하거든요. 몰입독서를 한 후에는 학습지나 공부를 할 때 공부나 그런 것도 적응하면서 할 수 있다는 자신감이 돋아나요.
- 연구자 : 신기하다. 좀 더 자세히 말해 줄 수 있을까?
- 지우현 : 예전에는 학습지를 풀긴 풀었는데 귀찮게 느껴졌어요. 이제는 뭔가 이것도 나의 재미로 바꿀 수 있다는 생각이 들어요. 독서처럼. 독서도 제가 원래 좋아하는 게 아니었잖아요. 그러니까 이것도 다시 독서처럼 될 수 있다는 생각이 돼요.

진주 또한 이렇게 오랜 시간 책을 읽어 본 적은 처음이라며 책 읽는 일에 자신감이 생겼다고 말했다. 책을 좋아하는 지민이도 처음 해 본 몰입독서에 특별한 의미를 두었다.

- 연구자 : 진주야, 몰입독서 처음 하고 난 소감이 어때?
- 계진주 : 힘들었지만 뿌듯했어요.
- 연구자 : 어떤 면에서 힘들었어요?
- 계진주 : 마음대로 나가서 놀지 못하고 약간 갇혀 있는 느낌이요.
- 연구자 : 그럼 뿌듯한 건 어떤 느낌이었어요?
- 계진주 : 어려운 걸 해냈다는 느낌? 몸은 힘들어도 마음이 홀가분하다고

해야 하나?

- 연구자 : 다시 오고 싶나요?
- 계진주 : 네.
- 연구자 : 어떤 이유로 오고 싶어요?
- 계진주 : 성취감을 얻기 위해서요.
- 연구자 : 어떤 성취감일까요?
- 계진주 : 오랫동안 앉아서 책을 읽었다는 성취감이요.
- 연구자 : 평소에는 이렇게 오랫동안 책을 읽었던 적이 없나요?
- 계진주 : 이렇게 오랫동안은 처음이에요. 그런 성취감을 다시 느껴보고 싶어요.
- 연구자 : 지민이는 몰입독서 어땠어요?
- 신지민 : 좋았어요. 이런 경험이 많이 없잖아요. 책을 오랫동안 집중해서 읽을 기회가 없어요. 이렇게 오는 것만으로도 뿌듯해요.
- 연구자 : 어떤 게 뿌듯해요?
- 신지민 : 평상시에는 책을 오랫동안 읽지 않는데, 오랫동안 몰입해서 읽으니까 제가 조금 더 커진 느낌이에요. 제가 책을 좋아하긴 한데, 이렇게 오래 읽은 적은 없어요. 학교에서도 10분? 독서 시간이 따로 없고요.
- 연구자 : 그럼 지민에게 몰입독서는 어떤 의미인가요?
- 신지민 : 뿌듯함? 오늘 〈오즈의 마법사〉를 다 읽었거든요. 원래 처음 읽을 때는 다 못 읽을 거로 생각했거든요. 여기에 와서 다 읽은 것 같아요. 뿌듯해요.

몰입독서는 계속 진화한다 : 앞으로의 과제

❶ 개별 아이들의 특성을 고려하기가 쉽지 않다

가르치지 않으니 아이들을 평가할 수 없을뿐더러 현 상황을 제대로 파악할 수 없습니다. 관찰한다고 해도 겉모습만 보는 것이라 집중하는 중인지, 제대로 읽는 것인지, 혹 재미없는 것은 아닌지 좀처럼 알기 어렵습니다.

예를 들어 움직임이 많다고 집중이 약하다거나 작은 움직임만 있다고 집중이 강하다고 판단하기 어렵습니다. 김경애, 이윤주 각각의 논문에 따르면 움직임이 많다고 해도 외부자극에 반응하지 않고 일정한 패턴으로 움직이면 집중하는 것으로 판단합니다. 또 움직임이 적다고 해도 외부자극에 반응하는 것이라면 집중이 약한 것으로 판단합니다(스키마언어교육연구소 연구원 임명 논문(미발표) 참조. 김경애, "몰입독서 관찰기록", 2019. / 이윤주, "몰입독서에서 나타나는 읽기 태도와 듣기 태도 분석", 2019.). 외부자극엔 선생님이나 참관하는 엄마들의 행동도 포함하는데, 더 연구해볼 만한 주제입니다.

"내 예상과 달리 집중을 잘한다는 아이는 몸 움직임이 부산할 정도로 움직이고 있었다. 책상 밑에서 다리가 계속 흔들리고, 코를 파서 책상이나 옷에 아무렇지 않고 붙여놓기도 하는 등 엄마가 봤다면 잔소리가 날아갈 행동들이 많이 나왔다. 그런데 그 행동들이 일정하였다. 새롭게 추가되는 행동은 거의 없고 반복되는 행동들이 있었다. / 집중이 다소 낮은 혹은 짧은 아이들은 주변 환경에 반응이 많았다. 오히려 태도가 좋아 더 놀라웠다. 우리가 흔히 말하는 집중 잘하는 아이의 모습이 그대로 나타나는데 자세히 들여다보니 작은 움직임들이 눈치를 보기로 나타나는 것이었다."

집중력이 약하다고 해도 언제 개입할 것인지 판단하는 것은 더 어렵습니다. 주변 환경에 반응하면 이를 가볍게 제지할 것인지, 반복되는 행동이 옆 친구에게 영향을 줄 때 이를 언급하거나 자리를 이동시킬 것인지는 쉽지 않습니다. 원칙은 장시간 책 읽을 때 힘든 점을 아이 스스로 인식하고 극복하는 과정을 지켜본다는 것뿐이라 현실에서 얼마만큼 예외를 허용해야 할지 판단하기 어렵습니다.

스스로 읽게 한다고 해도 아이들이 책을 선택하게 한다면 문제가 많습니다. 아이들이 선택한다고 도서관에 있는 책을 모두 포함하면 안 됩니다. 여기엔 독서능력을 높이는 데 방해가 되는 책이 너무나 많습니다. 많은 아이가 별다른 간섭이 없으면 만화나 판타지, 또는 정보 위주의 책을 선택합니다. 그런데 우리는 주로 동화나 청소년 소설을 권하되 대중성이 있는 책을 제외하기 때문에 아이와 갈등을 빚습니다. 역사에 관심이 많다고 하는 고1 아이에게 이덕일 책을 권했더니 읽는 속도가 너무 느렸습니다. 그래서 황석영의 〈장길산〉을 권했더니 졸다 읽다 반복합니다. 보다 못해 김진명의 〈고구려〉를 권했더니 집중해서 읽었습니다. 이틀에 걸쳐 5권을 다 보았지요. 그렇다면 다음에는 어떤 책을 권해야 좋을까요? 더 흥미 있는 대중적인 책을 줄지, 아니면 다시 좀 더 어려운 책을 줘야 할지 고민스럽죠.

또 6시간 동안 책을 읽은 경험이 없으므로 처음부터 적절히 쉬지 않으면 나중에 무척 힘들어집니다. 저학년은 1시간 또는 2시간마다 놀이터에서 10분 정도 놀게 하면 대체로 1시간 정도 집중해서 읽습니다. 문제는 중학생 이상 고학년이지요. 처음에는 10분도 쉬지 않고 계속 읽겠다고 주장합니다. 나중에는 10분 동안 쉬기는 하는데 나가지 않고 휴대전화기만 들여다봅니다. 그러면 5~6교시 때에는 집중력이 바닥이 나죠. 특히 몰입독서가 끝나고 다시 학원에 가는 아이에게는 뭐라고 말하기도 어렵습니다. 이런 문제들은 아이의 수준과 잠재력, 환경의 한계를 고려해서 교사 역할을 맡은 부모가 판단하는 수밖에 없습니다. 개별 사례마다 특수성이 많으니까요.

❷ 학부모들의 부담을 줄이는 방안을 찾아야 한다

몰입독서를 진행하는 장소에도 주의를 기울여야 합니다. 도서관장 등 책임자가 적극적으로 지원하는 곳이 아니라면 도서관이나 문화센터 등에서 진행하기가 쉽지 않을 듯합니다. 구립서초어린이도서관(관장 이은희)에서 몰입독서를 적극적으로 받아들여 세 차례 시행했습니다. 이 성공사례에 고무되어 도서관 관계자들을 만나 확대를 꾀했지만 반응이 좋지 않았습니다. '소수의 아이에게만 혜택을 주는 것'이라는 점을 지적하더군요. 예를 들어 10명에게 30시간 진행하는 프로그램을 3시간으로 축소하면 100명에게 도움을 줄 수 있다는 논리지요. 그리고 '결과물이 없어 학부모들이 좋아하지 않을 것'이라는 이유를 들며 많은 사서가 동의하지 않았습니다.

또한 대부분의 도서관 강좌나 프로그램이 1주일에 하루를 정해서 2시간 정도 진행되는데, 몰입독서 시간과 겹칠 때가 많아서 장소를 구하는 것이 어려웠습니다. 별도의 모임 공간을 빌리거나 개인 집에서 진행하는 것은 더 어렵습니다. 그림책 등 많은 책을 임시로 비치해야 하고, 책 중심의 공간이 아니므로 다른 활동과 마찰이 예상됩니다. 방학 동안 주중에 비어 있는 공간인 교회 또는 학교와 협력해서 진행하면 좋을 텐데 역시 책임자가 많은 부분을 허용해줘야 합니다.

학교 학부모회가 주관한 경우는 대체로 성공적입니다. 그래도 교장이나 도서관 사서 등의 허용 범위 내에서 움직여야 하고, 학부모회 내부에서 호흡이 맞아야 합니다. 이를테면 교재 선정이나 간식 준비나 놀이 운영 등 역할 분담을 잘해야 합니다. 또 몰입독서 진행 후에는 좋았던 점이나 보완할 점 등을 잘 평가하고 반영해야 모임을 지속할 수 있습니다. 이런 과정을 여러 학부모가 협의하기도 쉽지 않고 그래서 한두 사람이 주도하면 그 사람은 짐을 너무 많이 맡게 됩니다.

안양의 삼봉초등학교나 노원구의 상계초등학교, 창원초등학교에서 학부모회의 이름으로 한두 분이 나서서 진행한 몰입독서에 관해 후일담을 들어보면, 너무 힘이 들어 계속하기 힘들겠다고 말합니다. 잘 모르는 상태에서 교재, 간식, 관계 등 많은 부문에 책임을 지고 결정을 내려야 해서 그러하겠지요. 우리 연구소에서 연구원들이 진행할 때에도 2주가 지나면 입술이 부르튼 사람도 있었으니까요. 독서 수업을 몇 년간 경험한 연구원들도 관찰로만 아이들의 상태를 판단하는 것이 힘들다고 했는데, 그렇지 않은 학부모들이 관찰에, 교재 선정까지 담당하려면 무척 힘들었을 것입니다.

그렇다고 우리 연구소가 개입하기는 쉽지 않습니다. 책임과 권한의 범위를 정하기가 쉽지 않기 때문이지요. 연구원 역시 낯선 아이들을 만나 관찰만으로 학부모들의 기대만큼 아이들의 능력을 평가하는 일을 맡고 싶지 않을 것입니다. 지금은 학부모 중심의 협동조합이나 다른 단체를 만들면 좀 더 편하지 않을까 알아보는 중입니다. 이것도 초기에는 한두 분의 희생이 필요하겠지만요.

❸ 평소에도 몰입독서를 시행해야 성과가 높다

몰입독서는 방학 때 집중적으로 읽기에만 초점을 두는 것이 특징인데 그 성과를 유지하려면 평소에도 비슷하게 이어가는 것이 좋습니다. 즉 집에서 자투리 시간에 혼자 읽는 것이 아니라 저녁이나 주말 등 시간을 정해 도서관 같은 곳에 모여 함께 읽는 것이지요. 비유하자면 전지훈련 떠나서 힘들게 근육을 키운 운동선수가 운동을 쉬면 몸이 원래대로 돌아가는 것처럼, 몰입독서로 올라간 독서능력을 유지하기 위해 평소에도 같이 모여서 읽는 것입니다. 분당 독서 모임이나 연구소, 개울도서관, 광교 독서 모임 등에서 잘 진행하고 있습니다.

이런 몰입독서를 통해서 아이들은 주로 동화나 청소년 소설을 읽고 스스로 음미할 수 있으면 좋겠습니다. 일정 시간 함께 모여 책을 읽기 때문에 학습 부담에서 벗어나 자유롭게 상상력을 펼칠 수 있도록 말입니다.

이렇게 같이 모여서 일주일에 한 번 책을 읽고, 방학 때엔 집중적으로 긴 시간을 읽는다면 독서능력은 크게 올라갈 것입니다. 이렇게 능력이 높아지면 학습능력이 따라서 높아지기 때문에 학습 부담을 덜 느껴서 책 읽는 재미를 더 느끼게 됩니다. 책을 더 즐길 수 있는 선순환이 일어나지요.

최근에 책을 즐겨 읽는 아이들이 줄어들고 독서능력도 크게 떨어지고 있습니다. 도서관이 늘어나고 다양한 프로그램이 개발되면서 독서의 중요성이 강조되는 것에 비해, 실질적으로는 아이들 삶에서 책의 비중은 계속 떨어지고 있는 것이 사실입니다. 새로운 독후활동을 도입해도 효과가 미미하고 아이들은 읽기에서 멀어지고 있습니다. 평소에 책 읽기를 자연스러운 습관으로 만들려면 일단 방학 때 시간과 장소를 정해서 선후배와 함께 읽는 몰입독서로 독서능력을 크게 끌어올린 다음, 평소에도 비슷하게 진행할 수 있는 환경을 만드는 것이 필요합니다.

이렇게 독서 '지도' 없이, 평가 과정 없이, 결과물 없이 책을 읽는 것이 긍정적인 결과를 낳으면 가정에서도 혼자 집중해서 책을 읽을 수 있고, 부모도 불안하지 않게 책 읽는 시간을 허용할 것입니다. 몰입독서를 통해 원래의 가정 독서를 회복하면 좋겠습니다.

2
장

몰입독서 교재 선택,
어떻게 할까?

독서 '편식'을 고쳐야 할까?

어떤 부모들은 우리 아이가 책을 골고루 읽지 않는다고 말합니다. 그 속사정을 들여다보면 아이가 동화는 잘 읽는데 과학이나 역사책은 읽지 않는 경우죠. 반대로 지식 책을 주로 읽고 동화책을 멀리 하는 경우에는 '편식'을 말하지 않습니다. 동화의 단계는 넘어섰다고 느껴서 그런 것 같습니다.

책 읽기에서 '편식'이 문제 있다고 강조하는 분들은 반찬을 골고루 먹는 것이 옳다는 진실에 근거해 책 읽기도 그럴 것이라고 직관적으로 믿고 있습니다. 시중에 나와 있는 '전집'을 포함하여 다양한 종류의 책을 접하면 좋다는 분들이 특히 그렇게 강조하지요. 나아가 교과서가 이미 저학년 때부터 다양한 지식을 요구하기 때문에 '골고루 독서'가 더 중요한 것처럼 느껴집니다.

그런데 다양한 지식이 아이들의 공부와 직업에 도움이 되려면 먼저 지식이 아이 세계와 연결되어야 합니다. 초기에는 자기 생활에서 겪을 만한 내용으로 글자를 배웁니다. 아이들이 글자를 '깨칠 때' 거의 깨달음에 가까운 기쁨을 느낍니다. 그러다 글자 단계에서 글 단계로 넘어가면서 벽에 부딪칩니다. 직접경험으로 이해하기 힘든 책을 접하면서 책에 대한 호기심을 잃습니다. 자기 삶과 어떤 연관이 있는지 알지 못하기 때문입니다. 놀이나 장난감, 다른 매체들이 아이들 삶의 축소판 같은 느낌을 주는 것에 비해 독서는 거리를 느낍니다.

어른들의 경우에도 추상적인 지식이나 근본적인 성찰은 자칫 잘못하면 자신의 삶과 겉돌기 쉽습니다. 마찬가지로 아이들에게 가난이나 장애, 외국인 입양이나 다문화 관련 이야기뿐 아니라 과학 지식이나 역사적 사실들은 일부를 제외하고는 일상과 별로 관련이 없다고 느끼죠.

역사를 좋아한다는 아이의 부모에게 물어봅니다. '아이가 부모의 과거에 관심이 있나요?' 그 나라의 역사는 우리 조상들의 역사이므로 부모의 삶에 관심이 없다면 겉돌 가능성이 크죠. 물론 이렇게 반박할 수 있습니다. 부모가 자랑스러우면 왜 관심이 없겠냐고? 우리나라 역사에서도 자랑스러운 시대에 관심이 있다고 말입니다. 그래도 저는 의심합니다. 삶과 연결되지 않은 채 정보 형태로 지식을 쌓아가는 것이 아닌가 하고.

과학도 비슷합니다. 동식물을 관찰하고 기르고 실험하면서 어려운 책도 꺼리지 않는 아이라면 충분히 관심이 있다고 인정합니다. 이와 달리 책으로만 접근하거나 혹은 고만고만한 수준의 책만 보고 다음 단계로 진입할 생각은 하지 않는다면 걱정스럽다고 말합니다. 자기 삶과 연결고리를 잡지 못한 채 정보에만 주의를 기울이기 때문이지요.

어려운 지식이라도 부모가 제대로 설명해주면 아이들이 이해할 수 있다고 말합니다. 그렇지만 이해는 부모의 설명이 아니라 자신의 삶을 바탕으로 구체화합니다. 자신의 삶과 너무 동떨어진 내용은 추상적인 정보에 가깝습니다. 교과서가 아닌 만화나 영상매체에 의한 지식도 마찬가지입니다. 저학년 학생에게 요구하는 역사나 과학 등은 요즘 아이들의 생활과 거의 관련이 없습니다.

지식이 풍부한 성인 중에도 자신의 당면 과제를 해결하지 못해서 '헛똑똑이'라고 지적받는 사람들이 있습니다. 아이 역시 마찬가지입니다. 수박 겉핥기식으로 배워 힌트가 없으면 응용을 못 합니다. 어릴 때 글자를 글자로 배우고, 지식을 정보로 배우고, 정보를 생각 없이 습득하기만 한 아이들에게 나타나는 현상입니다. 언어와 이 언어가 가리키는 실제 사물을 연결하고, 자신의 삶과 지식을 통합할 수 있는 책부터 '편독'하는, 기나긴 시간이 필요합니다. 이건 내 이야기라고 느낄 수 있는 일상을 배경으로 하는 동화부터 읽어야 합니다.

추천 도서목록,
어떻게 활용할까?

'어린이도서연구회(어도연)'는 30년이 넘은 긴 역사를 가진 어린이도서 대표 단체입니다. 이들은 추천 도서목록의 중요성을 누누이 강조하는데 다음은 이들이 책을 고르는 원칙입니다.

> 첫째, 작가가 분명하고 작품성이 뛰어난 책을 고릅니다. 수입된 외국책보다 우리나라 작가의 창작물을 우선합니다. 창작물로서 책의 가치는 첫 번째가 독창성입니다. 구성과 표현이 개성 있고 훌륭하게 완성되어야 합니다.
>
> 둘째, 어린이가 독서의 기쁨과 의미를 맛볼 수 있는 책을 고릅니다.

셋째, 두고두고 빛이 바래지 않는 책과 환경과 문화의 변화에 민감한 책을 두루 고르려 노력합니다.

여기는 목록위원회 회원들이 그림책, 옛이야기, 시 글모음, 동화, 지식 책(사회, 과학, 예술, 역사), 소설, 만화 등 여러 갈래를 나눠 맡아 평가합니다. 4가지 결과 중 '우수한 작품, 장점이 많은 작품'을 월간 회보에 소개합니다.

'책으로 따뜻한 세상을 만드는 교사 모임(책따세)'은 운영진이 만장일치로 추천하는 책만 추천목록으로 선정하여 발표합니다. 분야별로는 과학, 문학, 예술, 인문사회로 나누어 소개하며, 수준으로 어려움과 쉬움 등 5단계로 표시하고 몇 학년부터 읽으면 좋은지 밝히고 있습니다. 이곳 공동대표인 교사 조용수는 〈가치 있는 책 읽기 같이 있는 책 읽기〉에서 선정 기준을 이렇게 말합니다.

학생들의 수준에 맞는가?

학생들의 정서와 문화에 잘 맞는 책인가?

학생들이 읽기에 적절하지 않은 표현이 있는가?

작가는 도덕적인 사람인가?

어느 정도 수준을 담보하고 있는가(책 자체의 작품성과 완성도의 문제)?

사회적으로 올바른 가치관을 심어주는 책인가?

학생들에게 적절한 대안을 보여주는 책인가?

〈학교도서관저널〉 도서추천위원회(위원장 조월례)가 내세우는 선정 원칙도 비슷합니다.

1. 국내외 책 추천 비중이 어느 한쪽으로 치우치지 않도록 한다.
2. 어린이 청소년의 감정을 이해하고 공감할 수 있는 책을 고른다.
3. 표현이 쉽고 재미있으며 감동적인 책을 고른다.
4. 새로운 관점으로 인간과 사회를 해석한 책을 고른다.
5. 약자에 대한 배려와 나누는 정신을 불어넣고 실천하도록 이끄는 책을 고른다.

선정 기준이 객관적인 것 같지만 한편으로는 매우 추상적이기도 합니다. '독창성'을 평가하는 데 논란은 없을지, 또 그것과 '변화의 민감함'을 결합하면 비중을 어떻게 두고 선정할지 어려운 문제입니다. 또 '학생들의 수준'에서 선정했다고 하는데 어떤 수준의 학생을 말하는지, 남녀가 다르고, 성향과 능력이 다르다면 어떻게 수준을 생각하고 있는지 알기 어렵습니다. 더구나 평균적인 수준에 맞는다고 해도 '정서에 맞는가?', '적절한 표현인가'와 결합하면 평가하기 매우 어려울 것입니다. 〈학교도서관저널〉은 문학을 선정한 원칙에는 '인류의 보편적 가치'가 포함되어 있습니다. 그렇다면 '새로운 관점으로 해석'하는 책은 이것과 충돌하지 않을까 걱정됩니다.

일부에서 이런 형태의 추천 도서목록이 '권력화, 상업화되었다'고 비판하지만 일부 영리 단체나 상업성을 내세우는 출판사 등의 목록을 제외한다면 저는 긍정적으로 받아들입니다. 전체 출판시장에서 이렇게 추천받는 목록의 비중은 여전히 적을 것입니다. 서점이나 심지어 도서관에도 '쓰레기' 같은 책들이 널려 있습니다. 물론 특정 개개인에게는 귀중한 정보를 주고 깊은 감동을 줄 수도 있다는 점에서 '쓰레기' 같은 책은 없다고 인정합니다만.

이보다 보편적인 성격을 주장하지 않는 목록이 필요하다고 생각합니다. 누구에게나 좋은 책을 선정하려니까 선정 기준들이 추상적으로 되고, 그 기준들이 충돌할 때에도 판정할 근거 없이 선정위원들의 주관적인 평가에 의존하게 됩니다.

이와 달리 '책따세' 등에서 시도한 상황별 도서목록은 바람직합니다. '평화를 위한 삶'이나 '아이들이 읽을 만한 성' 등. 또 '독서 치료' 형태로 개별적인 상황에 맞는 책을 추천하는 것들도 있습니다. 그런데 이런 개별 도서목록은 주로 주제별로 분류되어 있고 독서능력으로 세분되어 있지 않습니다.

물론 독서능력을 중심으로 독서 교육을 실천하는 우리도 능력별 추천 도서를 만들지 못하고 있으므로 다른 단체를 비판할 처지는 아니지만 저는 들려주기에 좋은 책, 기억력에 좋은 책, 사고력에 좋은 책 등으로 구분해 추천하고 싶습니다. 예를 들어 들려주기 좋은 책으로, 저학년이라면 〈오즈의 마법사〉 시리즈, 고학년이라면 〈크라바트〉나 〈팀 탈러〉 등이 좋습니다. 직접 읽기엔 어렵지만 재미있게 들을 수 있는 책이 적합하지요.

기억력을 중점에 둔다면 구성이 단순한 책이 좋습니다. 〈꼬마 마녀〉처럼 처음과 끝이 분명하고 중간 부분이 병렬 형태로 되어 있거나 〈마녀를 잡아라〉처럼 사건이 벌어지게 된 배경이 짧은 책들이 좋습니다.

사고력에 초점을 두면, 아이들의 환경과 비슷하거나 아이들이 경험할 만한 내용을 쓴 책이 좋습니다. 특히 형제자매 갈등을 다룬 책은 자신의 경험과 비교하며 생각할 가능성이 큽니다. 〈수일이와 수일이〉, 〈사자왕 형제의 모험〉이나 〈내가 나인 것〉 등.

독해력을 높이려면 어른들의 모순/잘못을 드러내거나 사회 문제를 다룬 책, 대립하는 견해인데 둘 다 공감하거나 의문을 던질 수 있는 책이 좋습니다. 책은 일반적으로 사회 통념을 비판하는데 오히려 책의 입장을 비판하는 아이들이 많습니다. 독해력이 낮은 것이지요. 〈초콜릿 전쟁〉(오이시 마코토)을 읽고 아무리 어른들이 잘못했다 해도 어른에게 복수하면 안 된다고 쓴 아이는 책 내용보다 자신의 경험을 앞세운 것입니다. 〈프린들 주세요〉, 〈플라이 대디 플라이〉, 〈손수레 전쟁〉, 〈오이 대왕〉 등을 권합니다.

그래도 개인의 특성을 알면 또 달라집니다. 책을 거의 읽지 않고 기억을 5분도 못하는 중1 남학생에겐 〈델토라 왕국〉 시리즈를 권하고 녹음을 들으면서 책을 보라고 했습니다. 부모, 교사에게 저항하는 중3 남자아이에게는 '불량'이 포함된 내용을 권했습니다. 〈불량 청춘 카짱〉, 〈순간들〉, 〈달려라 배달민족〉, 다음에는 비현실적인 모험 이야기인 〈형제는 용감했다〉, 〈우리들의 7일 전쟁〉, 〈할머니는 도둑〉 등. 더 저항이 심한 아이에게는 〈헝거 게임〉 등 판타지를 허용하고, 책을 잘 읽지만 사고력이 약한 중3 남학생에게는 비교 교재를 같이 주었습니다. 〈위험한 하늘〉, 〈파도〉, 〈갈색 눈〉 또는 〈앵무새 죽이기〉, 〈세상과 나 사이〉, 〈달리는 기차 위에 중립은 없다〉 등등.

부모가 고학년 동화나 청소년 책을 잘 모른다면 추천 도서를 활용할 수밖에 없습니다. 앞에서 말한 대로, 저학년이라면 책을 10권 정도 빌려주고, 5권 정도 읽지 말라고 합니다. 보통 10권 중 절반만 읽으라고 하면 표지 등을 대충 살피면서 5권을 선택하는데 5권은 안 읽어도 된다고 하면 좀 더 꼼꼼히 살피면서 5권을 고르며 아쉬워하는 모습을 보입니다. 하지 말라고 할 때 더 하고 싶은 심리를 이용하는 것이지요. 암튼 이렇게 해서 재미있게 읽은 책 2권 정도를 사줍니다. 믿을 만한 단체에서 추천한 도서라면 논란이 있어도 비교적 '좋은 책'으로 간주하고, 그 속에서 아이가 선택하게 하는 것입니다.

이 책 뒤에 주제가 아닌 소재별로 구분한 도서목록을 첨부했습니다. 고학년이라면 좋아하는 분야의 책과 관련된 분야의 책을 빌려주고 절반 정도 읽게 하는 것이 좋을 것입니다.

위인전을 읽어도
그 위인을 모델링하지 않는다

그래도 여전히 동화 읽기는 시간 낭비라고 생각하는 부모들이 있습니다. 어른들은 소설을 읽거나 연속극을 보더라도 볼일이 생기면 옆으로 치워두고 삶으로 돌아오죠. 소설과 연속극이 그 사람에게 차지하는 비중이 그 정도라는 뜻으로 해석됩니다. 그런 일에 시간을 보내는 것이 아깝다는 생각입니다. 그래서 아이들 역시 놀이나 동화책 읽기보다 공부나 지식 습득에 시간을 쓰는 것이 좋다고 여깁니다.

그래서 부모들은 지식을 습득하는 책이나 '배려' 등 가치를 가르치는 동화를 권하곤 합니다. 그리고 책 읽는 힘이 올라가면 위인전을 찾게 됩니다. 초등학생용 위인전을 읽히면 일석삼조의 효과를 본다고 말합니다. 위인이 처한 역사나 사회에 대한 지식도 배우고, 위인의 삶을 통해 열심히 노력해야겠다는 교훈을 느낄 수 있고, 결심을 끌어낼 수 있고, 또 동화로 꾸몄기 때문에 흥미 있게 읽을 수 있다고 말입니다.

위인 전집을 사다 놓고 한 권 읽을 때마다 유인책을 줍니다. 또 최근에 사회적으로 성공한 '스티브 잡스', '반기문', '워렌 버핏' 등의 전기를 구해줍니다. 어른들이 이런 책을 읽으면 재미있습니다. 생각할 거리도 많고, 가볍게 자신의 삶을 돌아보게 됩니다.

그런데 아이들은 그렇지 않은가 봅니다. 아이들이 아이돌을 좋아하고 동경하지만 그 아이돌이 지금의 자리에 도달하기 위해 얼마나 노력했는지는 별로 관심이 없습니다. 마찬가지로 이순신을 존경한다 해도 당시에 사회적으로 유명하고 또 지금까지 명성을 누린다는 점 때문이지, 나도 그런 사람이 되려고 노력하겠다는 결심을 품진 않습니다.

위인이나 유명인들로부터 아이들이 별다른 자극을 받지 못하는 것은 어쩌면 그들이 '금수저' 출신일 거라고, 우리와 다른 배경을 갖고 있다고 전제하기 때문입니다. 아니면 그들의 시대적 고민이 우리와 다르다고 느끼기 때문이겠지요.

조금 더 진지하게 받아들여준다면, 아이들은 자신들이 처한 상황이 전례가 없거나 혹은 과거의 방식으로 해결할 수 없을 만큼 심각해졌다고 생각합니다. 역사로부터 뭔가 배운다는 것을 잘 받아들이지 못하죠. 이런 입장을 갖게 된 것은 어쩌면 어른들이, 아니 우리 교육이 '과거로부터 배우겠다는 태도 없이 과거를 배워야 한다'고 가르치기 때문이 아닐까 짐작합니다.

굳이 인물을 통해 아이들이 자신의 삶을 반성하기를 바란다면 저는 위인전보다는 시대적으로 가까운 사람들의 자서전이나 평전을 권합니다. 또 우리 사회나 시대 문제를 공유하는 글을 선호합니다. 예를 들어 중학생 때 자살 기도를 하고 밑바닥 생활을 하다 공부해서 변호사가 된 〈그러니까 당신도 살아〉(오히라 미쓰요), 하버드 대학원을 다니다가 선불교를 만나 출가한 현각 스님의 〈만행〉, 인도의 불가촉천민인데 경제학 박사로 성장한 나렌드라 자다브의 〈신도 버린 사람들〉 등이 좋은 예입니다.

한편으로 우리 아이들이 처한 공부 경쟁이나 왕따, 소통의 부재 같은 문제로 고민한 사람들의 이야기는 그렇게 많지 않습니다. 특히 유명한 사람들은 이런 일상적인 고민을 빠르게 극복하고, 삶의 방향을 정했기 때문에 한 분야에서 일가를 이룰 수 있었을 것입니다. 이런 일상적인 고민이 동화에서는 여러 형태로 드러나지만 자서전이나 평전에서는 좀처럼 나타나지 않습니다. 그래서 아이들은 위인전의 인물보다 장르 소설의 주인공을 자신과 더 동일시할 가능성이 큽니다.

대안이라면 부모가 지향하는 가치를 실천한 유명인을 알려주거나 아니면 부모가 좋아하는, 모범으로 따르고 싶어 하는 인물이 누구라고 말해주면 아이들이 그에 관한 책을 읽을 것입니다. 부모의 꿈을 알 수 있기에 그런 인물전에 관심을 보이는 것이지요. 위인의 문제의식을 아이 삶과 직접 연결하기 힘든 만큼 부모의 삶을 중간 고리로 해서 연결하는 것입니다. 이것도 아이가 부모의 삶에 호기심을 가질 만큼 부모와 최소한의 우호 관계는 유지되어야 할 것으로 보입니다.

과학과 역사 등 지식 책은 다양한 관점과 논쟁이 살아 있는 책으로 읽힌다

부모들은 아이들이 다방면의 고급 지식을 쉽게 받아들일 수 있도록 요약서와 해설서를 읽히려고 합니다. 다양한 정보를 얻을 수 있겠지만 문제도 있죠. 생각의 깊이를 획득하지 못하고, 신선하고 낯선 해석을 거부하는 경향이 생긴다는 것이지요.

하나의 관점으로 다양한 정보를 얻는 것과 하나의 사실을 다양한 관점으로 바라보는 것은 크게 다릅니다. 창의성이 요구되는 시대인데도 시중에 널리 알려진 지식 책은 우리 아이들에게 획일화된 한 가지 관점을 주입하고 있습니다. 대신 요즘 아이들에게는 다양하게 해석하는, 심지어 소수 의견까지도 어느 정도 인정할 수 있는 능력이 필요합니다.

〈시튼 동물기〉로 예를 들어보죠. 어니스트 시튼은 동물도 사람처럼 욕구와 감정을 가진 생명체이고 그들 역시 권리를 가져야 마땅하지만 한편 야생동물이기 때문에 비참하게 죽는 것은 어쩔 수 없다는 점을 보여줍니다. '어미 여우 빅스'는 새끼가 사람에게 잡히자 구출하려고 이런저런 시도를 합니다. 몇 차례 실패하자 새끼에게 독이 든 먹이를 줍니다.

목숨보다 자유가 더 중요하다고 생각했을까요? 사람에게 잡히는 것보다 죽는 것이 더 낫다고 판단한 어미 여우를 요즘 사람들은 이해하기 힘들 것입니다. 원작에 충실한 책들이 5~6권의 시리즈로 두 종류 나와 있고 분량도 만만치 않습니다. 그러나 분량 이전에 상식과 동떨어진 내용이, 그게 단 몇 줄에 불과하더라도 아이들이 읽기에 쉽지 않겠죠. 대신 이 이야기를 통해 '나와 다른 생각'을 이해하는 계기를 마련할 수 있다면 이 아이는 세상을 읽는 시각을 넓힐 수 있게 되죠.

반면에 초등학생용으로 각색한 〈시튼 동물기〉는 아이들이 재미있게 읽습니다. 내용도 어렵지 않지요. 원작에서는 늑대의 다양한 모습과 개성을 보여주는데 각색한 책에서는 단순하게 늑대의 '강인하고, 거칠고, 잔인한 면'만을 강조합니다. 그 중 〈WHAT? 시튼 동물기 늑대 편〉을 보면 늑대에게 '넌 개들보다 더 사납고 강한 늑대란 말이야. 혼내 줘!'라고 말하거나, 늑대도 '난 개들보다 강해. 난 늑대야.'라고 합니다. 구경하던 사람들이 '개들한테 당한다면 늑대가 아니지.'라고 말하는 장면도 추가되어 있습니다.

어니스트 시튼은 '백 마리의 늑대에게는 백 개의 삶이 있다'라고 말할 정도로 늑대의 다양한 모습을 보여주는데 요약본이나 해설서에서는 한 가지 성격의 늑대를 보여줍니다. 우리가 관습적으로 가진 일반적인 이미지를 사용하면서 말입니다. 그래서 아이들이 쉽다고 하는 것이지요.

〈어린이 문학의 즐거움〉을 쓴 페리 노들먼은 '어린이용 논픽션의 세계는 대부분 이해하기 쉽고, 편안하게도(혹은 지루하게도) 많은 어린이가 이미 알고 있는 그대로'(192쪽) 썼다고 하면서 '어린이용'이라는 말에는 '사실의 변형(어린이의 상식에 맞게 바꾸었다는 뜻)'이라는 뜻이 포함되어 있다고 말합니다.

'출판사 기획'이란 이름으로 원전을 어린이용으로 각색한 책들에는 이런 경향이 심합니다. 핵심만 뽑아서 전달한다고 말하지만 오히려 원전의 의미를 훼손하는 경우가 많습니다. 원전은 대체로 사회적인 통념에 의문을 던지고 사고의 지평을 넓히면서 의미를 획득하는데 어린이용 지식 책은 원전의 권위에 기대어 일반적인 통념을 강화하는 결과를 빚게 됩니다.

물론 이런 책들이 우리 사회의 주류 의견이라는 점에서 무시할 수는 없습니다. 그렇다고 교과서 이외의 책을 읽으면서 이런 관점을 강화할 필요는 없다고 봅니다. 주류 입장을 익히려면 교과서를 반복해서 읽는 것이 좋습니다. 교과서 내용을 녹음해서 여러 번 듣게 하거나 높은 학년의 교과서를 구해 이를 소화하게 합니다.

반면 교과서가 아닌 책은 다른 해석을 받아들이거나 논란되는 까닭을 이해하는 방법으로 활용하는 것이 좋습니다. 그래서 전반적인 지식을 소개하기보다는 한 가지에 초점을 두고 다양한 측면에서 접근하는 책이 좋습니다. 예를 들어 〈공룡백과사전〉 같은 책보다는 〈공룡은 어떻게 사라졌을까?〉와 같은 문제의식이 뚜렷한 책이 적합하지요.

또 과학이 우리 생활과 얼마나 밀접한지 논리적인 방법으로 서술한 책들이 많은데, 기대만큼 자신의 삶과 연결해 받아들이지 못하고 있습니다. 원인, 결과 등의 논리적인 설명이 아이들에게 적합하지 않기 때문이지요. 이보다는 이야기 형태의 글로 읽게 하는 것이 좋습니다. 아이들은 시간의 순서대로 쓴 이야기를 통해 삶을 이해하기 때문입니다.

저는 동물이 나오는 동화를 선호하는 편입니다. 아이들은 일상생활에서 어른보다 항상 약자입니다. 반면 동물에 비하면 항상 강자의 위치에 있습니다. 그래서 동물이 주인공으로 나온 책을 읽을 때 아이는 자신을 삶의 주인공의 위치에 놓고 세상을 볼 수 있게 됩니다. 그래서 〈시튼 동물기〉나, 팔리 모왓의 〈개가 되고 싶지 않은 개〉나 다니엘 페나크의 〈까보 까보슈〉, 김우경의 〈머피와 두칠이〉 등을 읽으면 유연한 사고방식을 키우는 데 도움이 된다고 생각합니다.

또는 다른 분야와 연결해서 접근한 책이 좋습니다. 예를 들어 예전에는 이야기에 나온 그대로 〈신데렐라〉 속의 계모를 비난했지만, 이혼과 재혼이 흔한 요즘에 계모를 비난하는 것은 시대 상황에 맞지 않는다고 지적하는 사람들이 많습니다. 심리학과 교수인 마틴 데일리는 〈신데렐라의 진실〉에서 다른 이야기를 합니다. '자기 자손의 생존율을 높이기 위해 다른 새끼를 죽이는 사자 등을 예로 들면서 의붓부모와 사는 아이들이 학대받을 확률이 친부모와 사는 경우보다 백 배 이상 높다는 사실을 통계를 들어 밝힙니다.' 이 주장이 맞고 틀리고를 떠나 누구나 아는 옛이야기를 통계와 연결해 설명하는 책은 아이들의 사고의 폭을 넓히는 데 큰 도움이 될 것입니다.

역사의 경우 학교에서는 방대한 분량의 통사를 배우고 있습니다. 그래서 연대기별로 전체를 알려주는 책보다는 세부적인 사건과 시대를 자세히 다룬 역사책을 읽는 것이 필요합니다. 역사에 관심이 있거나 통사를 어느 정도 익혔다면 '주제사'(예 : 여성이나 전쟁 등을 다룬 역사)나 '생활사', '미시사'(예 : 뒷골목 풍경이나 초콜릿 등을 다룬 역사)에 눈을 돌리는 것도 좋습니다.

아울러 한 시대나 사건에 대한 역사책들도 저자에 따라 다른 관점으로 쓰였기 때문에 제대로 이해하려면 두 권 이상의 책을 비교하며 읽는 것이 좋습니다. 〈사라, 버스를 타다〉는 미국의 '흑인차별법'에 저항해서 생긴 '몽고메리 버스 승차 거부 운동'을 어린이용으로 만든 그림책입니다. 사라라는 한 소녀가 버스 앞자리에 대한 호기심으로 사건이 벌어진 것처럼 그려졌습니다. 같은 내용을 다룬 그림책 〈일어나요, 로자〉에는 여러 단체가 단합해서 시위한다는 내용이 나옵니다. 실제 주인공인 로자 파크스라는 42세의 흑인 여성은 10년 전부터 '미국흑인지위향상협회' 간사로, 무보수로 일할 정도로 적극적인 활동가였습니다. 모임을 할 때 사람보다 총이 더 많은 적도 있다고 할 정도로 죽음의 위협 속에서 일했다고 합니다(《로자 파크스, 나의 이야기》). 이처럼 비교해서 읽을 때만 차이가 보입니다. 이를 통해 아이들도 맥락이나 관점에 따라 역사적인 사실이 다르게 해석될 수 있음을 배우며 성장하는 것이죠.

장르 소설이나 추리소설만 읽는다면 이를 허용할 것인가?

아이들이 스스로 선택하는 책은 '장르 소설'이라는 범주에 속하는 것들이 많습니다. 판타지나 추리소설 외에 무협, 과학, 미스터리, 범죄, 공포·엽기, 액션·스릴러, 로맨스, 라이트 노벨 등 매우 다양합니다. 물론 깊이 있는 책도 있지만 대부분 수준 이하죠. 가벼운 만화, 또는 게임의 세계를 풀어놓은 소설도 있습니다. 수준과 관계없이 자신에게 맞는 책을 쉽게 고를 수 있고, 또 집중하지 않아도 책에 빠져들죠.

전 세계 아이들이 열광한 〈해리 포터〉가 대표적입니다. 이 책을 읽고 책이 좋아졌다는 아이도 있고, 두꺼운 책을 두렵지 않게 접할 수 있게 되었다는 아이도 있습니다. 시리즈를 읽느라 읽기 속도가 빨라졌고,

여러 번 읽기 때문에 내용을 깊이 있게 파악할 수 있다고 좋아합니다.

책을 거의 안 읽는 아이들이 이런 책을 읽으면 일단 부모들은 '책을 읽는다'라고 간주합니다. 만화와 비슷하게 그림이 너무 많거나 표지가 너무 선정적이지 않다면 말입니다. 그리고 일부 국어 강사들은 이런 책을 읽어야 빠른 독해력이 생긴다고 주장합니다. 명작처럼 고민이 수반되는 책은 생각이 많아져서 수능 칠 때 시간이 모자랄 수 있다고 지적하지요.

아이들이 공부하다가 지쳤을 때 게임을 하거나 그냥 뒹굴뒹굴하는 것에 비한다면 이런 책이라도 읽는 게 긍정적이라고 평가할 수 있습니다. 또한 개중에 흡인력이 강하고, 또 작품성이 갖춰진 소설이 숨어 있으니까 계속 책을 읽게 되죠. 〈헝거 게임〉(수잔 콜린스)처럼 미래를 예견하거나 〈7년의 밤〉(정유정)처럼 사회의 이면을 드러내는 내용도 있어 세상을 이해하는 데 도움이 된다고 볼 수도 있습니다. 이런 소설로 첫 걸음을 떼고 점차 명작이나 성장 소설로 넘어갈 수 있다면 더욱 그렇게 받아들이죠. 문제는 좀처럼 다음 과정으로 넘어가는 아이들이 많지 않다는 점이지만요.

어쩌면 다음 단계로 진입하는 것 이상의 의미가 있을 수 있습니다. 남미의 아이들이 케이팝 노래를 따라 하고 가사를 음미하면서 자신의 힘든 삶에 위로를 받는다고 합니다. 또 일본이나 우리나라 아이들이 일본 만화 〈원피스〉를 보고 '자기 이익을 추구하지 않고 동료를 찾아가는 동료애를 느끼면서, 뚜렷한 적도 없고 절대적인 악도 없는 세계'

에서 버틸 수 있다'라고 말합니다[〈절망의 나라의 행복한 젊은이들〉(후루이치 노리토시, 민음사). 140쪽.]. 이런 측면을 받아들인다면 추천할 만하지요.

또 장르 소설은 시리즈물이 많아 어느 정도의 기억력을 요구하고 있습니다. 저는 한 학생(고1, 남)이 '장르 소설이라고 그렇게 수준 떨어진 책만 있지 않다'라면서 추천한 책을 읽었지요. 〈어서 오세요 실력지상주의 교실에〉(키누가사 쇼고)라는 책인데, 고등학생들이 음모를 통해 상대를 거꾸러뜨리며 자신이 우수반에 올라가는 내용입니다. 아마도 그 학생에게는 어른들이 숨기고 있는 성적 경쟁의 이면을 보여주기 때문에 마음에 들지 않았을까 추론해봅니다. 이런 소설들을 빠르게 읽는 것이 기억력과 독해력을 성장시키는 측면도 있을 것입니다. 책의 이면에 담긴 사상까지는 몰라도 적어도 표면적인 독해를 해야 재미를 더 느낄 수 있으니까요.

그렇지만 부정적인 측면이 많다고 봅니다. 장르 소설의 한 분야인 '라이트노벨'에 대해서 나무위키의 익명의 저술가는 이렇게 설명하고 있습니다. '청소년을 대상으로 한 섹슈얼 노벨'. 무슨 말인가 하면 성적인 주제를 다루고 있고, 남녀 관계가 비교적 정형화되어 있다는 말입니다. 예를 들어 성희롱에 해당하는 행위가 벌어지지만 여자들은 남자들에게 호의적이고 친절하며, 부끄럽고 창피한 일을 당해도 크게 갈등을 빚지 않고 화도 먼저 풀고 다가오는 경우가 많다는 겁니다. 이런 점에서 이런 장르 소설은 부정적인 통념을 강화하고 있어 가치관

형성이나 사고력 향상에 역효과를 내고 있다고 봅니다.

물론 이를 옹호하는 사람들은 오락이나 재미일 뿐이라고 말합니다. 하지만 그들도 최소한의 문학성이 없으면 독자가 외면한다는 사실을 부정하지는 못한다고 봅니다. 저는 일시적인 오락이라 해도 성장하는 아이들에게는 무슨 내용이든 '성숙'과 관련지어 생각해봐야 한다고 봅니다. 스트레스를 풀기 위한다고 해도 이런 소설을 읽을 필요가 있을까, 이보다는 소설보다 더 재미있는 매체를 통해 좀 덜 부정적인 내용을 접하는 것이 좋지 않을까 생각하는 것이지요. 이런 소설 읽기가 중독이 아니라 취미라면 할 수 없겠지만 말이죠.

제가 생각하기에 책은 위안보다는 반성의 매체로 적합합니다('잘못을 뉘우친다'는 의미는 '참회'가 더 잘 어울리고, '반성'은 '돌이켜 살핀다', 즉 내적 성숙의 과정을 의미합니다.). 그러나 아이들의 시선을 잡아끄는 책들은 대체로 이와 반대되는 경향을 보이죠. 아이들에게 인기를 끌려면 사건을 바라보는 관점이 주류 입장에 가까워야 할 것이고, 넓게 퍼져 있는 기존의 사회적 편견이 의문 없이 나타나야 하죠. 대중문화가 대개 이런 입장을 취하고 있죠.

중고등 학생들이 즐겨 읽는 판타지 같은 장르 소설 역시 대중문화의 한 가지입니다. 아이들이 이런 소설도 읽고 성장 소설도 읽는다면 물론 긍정적입니다. 그러나 이런 소설만 읽는다면 과연 권장해야 할지 의문스럽습니다. 휴식이나 위로를 위해 책을 읽는 것은 일거양득이라기보다 도리어 책이 가진 미덕을 살리지 못하는 일이 되는 것이죠.

평론가 김서정은 '멋진 판타지'라면 '현실과는 다른 세계'에 대한 생각을 끌어내는 것이지만, 그것은 오히려 현실과 상관없는 것이 아니라 "우리가 지금 사는 세계가 감추고 있는 어떤 비밀, 근원적 문제, 깊은 의미"을 드러내는 것이라고 말합니다(김서정, 〈멋진 판타지〉, 14쪽.). 가볍게 읽는 책에서 그가 말하는 '깊은 의미'를 찾아낼 수 있을까요? 장르 소설을 좋아하는 아이들이 그런 '근원적 문제'에 관심을 둘까요? 김서정의 생각과 달리 장르 소설은 일반적으로 정해진 문제를 풀어가는 형태로 전개되며, 인물의 성격이 고정되어 있고, 인물이 주변 환경에 영향을 미치는 가능성이 거의 없습니다. 아이들은 게임을 하듯이 정해진 길을 따라가는 것 외에 자기만의 사고를 진전시킬 필요가 전혀 없습니다. '머리를 식힐 겸' 책을 읽어도 좋다고 권하기보다는 차라리 책이 아니라 다른 재미있는 일을 통해 휴식을 취하라고 하는 게 낫습니다. 책은 고민하면서 읽을 때만 도움이 되는 매체라고 인식하는 것이 낫다고 생각합니다.

무기력한 아이에게 독서가 최후의 보루가 될 수 있다

성적이 좋거나 주도적으로 학교생활을 하는 아이들 중에도 무기력으로 버둥거리는 친구들이 있습니다. 이들은 스스로 노력해서 좋은 성적, 모범적 학교생활이라는 결과를 얻은 것이 아니라 부모의 가치에 순응해서, 또는 부모의 설계에 잘 따랐기 때문에 지금에 이른 것이라는 생각이 있죠. 본인이 자발적으로 이룩한 것이 아니기 때문에 그 아이의 마음밭을 뒤지면 결국 무기력이라는 괴물과 만나게 되죠.

'하버드생들이 왜 바보가 되었을까?' 하는 문제의식으로 〈공부의 배신〉을 쓴 영문학 교수 윌리엄 데레저위츠는 '엘리트 학생들의 학습된 행동, 즉 부드러운 자신감과 매끄러운 적응력 속에는 두려움과 불안,

좌절, 공허함, 목적 없음, 고독을 발견'할 수 있다고 말합니다.

우리나라에서는 중학생 때부터 무기력에 빠지기 쉽습니다. 1학년부터 아이들 사이에 사회적 서열이 정해집니다. 일부 초등학교에서 시험을 보고 성적을 매기기도 하지만 중학교에 들어와서 본격적으로 성적 경쟁에 들어갑니다. 아이 대부분이 한 학급 내에서 사회적 지위를 정하는데 '짱', '은따' 빼고 나머지는 '평범한 아이' 정도가 아니라 '여자 중에서 서열 6위' 이런 형태로 모든 아이가 서열화됩니다.

또 중2 전후해서 육체적으로 사춘기에 접어듭니다. 그럴 뿐 아니라 뇌 활동 역시 달라집니다. 낙관적인 세계관을 의심하고 쉽게 충동에 빠집니다. 부모 등 어른의 권위에 도전하면서 친구들과 무리 지어 다니고 소속감과 환상, 갈등을 겪습니다.

성적 경쟁과 몸의 변화로 인해 아이들은 무기력해지거나 영상매체 등에 중독됩니다. 아니면 다소 맹목적인 성적 경쟁에 참여하거나 부모 말을 잘 듣는 '착한 아이'로 자신을 포장합니다. 많은 부모가 '이건 현실이야.', '남들도 다 그런데. 어쩔 수 없어.' 또는 '대학 가기 전까지만 참아라.' 등의 이야기로 아이들의 무기력을 인정하지 않습니다. 그리고 '하면 얼마든지 잘할 수 있는데 안 한다.'고 생각하며, 그 원인으로 컴퓨터 게임이나 친구를 지목합니다.

많은 아이가 학습 무기력을 느끼는 까닭은 공부를 열심히 해도 성적이 오른다는 확신이 없기 때문입니다. 중3 아이들에게 물어보면 대부분 '열심히 해야죠'라고 말하지 어떻게 열심히 하겠다는 말은 없습니다. 일부 아이들이 학원에 보내 달라고 말하는 것을 듣고 부모들은 공부할 생각을 한다며 반가워합니다만 아이들은 부모에게 미안한 마음에 자기 시간을 포기하는 희생을 감수하는 것뿐입니다.

이렇게 무기력을 느끼는 아이한테 독서를 강제할 수 있을까요? 물론 쉽지 않습니다. 그렇지만 학습능력이 부족해서 무기력을 실감하는 아이들에게 성적을 요구하면 무기력은 더욱 심해질 뿐입니다. 실제로 친구들도 거의 비슷하게 공부하는 상황이므로 공부 시간을 늘리건, 학원을 바꾸건 성적은 크게 달라지지 않습니다. 열심히 공부할수록 무기력이 깊어지는 기현상이 나타납니다.

이럴 때 내신 성적이나 수행 평가를 조금 높게 받으려는 노력을 일정 기간 포기하고, 기초나 바탕, 능력에 도움이 되는 평소 공부를 강화할 필요가 있습니다. 학년이나 현 진도를 무시하고 아이의 수준과 비슷한 공부, 특히 국어·수학 등 기본과목 중심으로 공부해야 합니다. 수학이라면 저학년 복습을 한다든지, 국어라면 다소 쉬운 동화를 집중해서 읽게끔 한다든지 말이죠. 성적이 크게 떨어지는 아이에게는 탐구 과목 하나를 정해서 집중적으로 시험공부를 하게끔 합니다.

선택은 부모에게 달려 있다고 생각합니다. 독서능력을 높인 다음에 공부하면 성적이 오를 것이라는 강한 확신을 부모가 주는 것입니다. 스스로 성적을 올려보겠다고 시도했다가 다른 대안이 없어 서서히 무기력에 빠지는 아이에게 이런 제안을 한다면 지푸라기라도 잡는 심정으로 부모 말을 들을 수 있습니다.

무기력한 아이일수록 당장의 성적보다는 책을 읽혀야 합니다. 지금은 무기력을 극복하는 게 최우선 과제입니다.

다니엘 페나크가 말하는 '열 가지 권리'

우리는 독서를 강제하면서도 페나크가 말하는, 책 읽을 때 독자들이 가져야 할 열 가지 권리를 지지합니다(〈소설처럼〉, 문지사). 이 열 가지 권리란, 아이들이 책을 읽을지 말지 선택할 권리가 아니라 책만 읽어야 할 '몰입독서' 환경에서 자유롭게 읽을 권리를 의미합니다. 즉 아이들에게 독서 교육을 시킨다는 미명 아래 진행했던 '독후감, 독서록, 검사, 평가, 확인' 등으로부터 자유롭게 해주는 것입니다.

물론 몰입독서는 여러 가족이 함께하는 활동이고, 또 독서능력을 높이려는 목적이 있기 때문에 이 권리들을 모두 지키기는 쉽지 않습니다. 그런데도 학교나 사교육에서 요구하는 독후활동과 비교해서 상대적으로 이 권리들을 지키는 방향으로 나아가야 한다는 점은 분명합니다.

1) 책을 읽지 않을 권리

2) 건너뛰며 읽을 권리

3) 끝까지 읽지 않을 권리

4) 다시 읽을 권리

5) 아무 책이나 읽을 권리

6) 보바리즘*을 누릴 권리

7) 아무 데서나 읽을 권리

8) 군데군데 골라 읽을 권리

9) 소리 내서 읽을 권리

10) 읽고 나서 아무 말도 하지 않을 권리

---

* 보바리즘 : 환영을 좇아 자신을 분수 이상의 다른 사람으로 여기는 태도. 소설 〈보바리 부인〉의 등장인물에서 나온 용어. 여기서는 책의 주인공 등에 감정이입을 하며 자유롭게 상상하는 권리를 의미한다.

페리 노들먼이 말하는 '가르치면 안 되는 것들'

〈어린이 문학의 즐거움 1〉(시공사)의 70~72쪽 가운데 같이 보면 좋을 만한 내용이 있어 요약하여 소개합니다. 앞에서 줄곧 강조한 '읽기 자체의 즐거움'을 위해 조언이 될 만한 내용이 풍부하게 담겨 있다.

"읽기를 즐기는 동안에는 낱말의 뜻을 풀지 않고, 정말로 정확하게 읽는지 걱정하지 않는다. 이야기가 진행되는 동안에는 낯선 단어를 찾아보는 일로 즐거움을 방해하지 않는다."

→ 우리는 아이들에게 모르는 낱말을 설명해주거나 사전을 찾아보라고 권하고 있지요. 전체 내용을 이해하는 데 꼭 필요하다고 하면서. 심지어는 독해를 위해 한자 공부를 시킵니다.

"우리는 모든 것을 똑같이 집중해서 읽지 않는다. 다른 사람이 좋은 책이라고 권한다는 이유만으로 따분하고 지긋지긋한 책을 억지로 읽지도 않는다. 싫어하는 책은 다 읽기도 전에 덮는 것은 우리 자유다. 마찬가지로 텍스트에 대항해서 읽는 것도 우리 자유다."

→ 아이들이 책을 제대로 읽지 않는 까닭은 '성실하지 않아서', '능력이 높지 않아서', '교사의 권위에 저항하려고' 그런 것은 아닙니다. 아이의 독서능력에 비춰 그 책이 재미없어서 대충 읽었다고 간주하는 것이 좋습니다.

"우리는 책이 전하려는 메시지를 금과옥조로 받아들이는 데 일차적인 목표를 두지 않는다. 우리는 책 읽기를, 자기를 다스리는 요법으로 생각하지 않는다. 그리고 대개 소설이나 시가 전해주는 지리적, 역사적 정보에 초점을 맞추지도 않는다. 우리는 책 읽기를, 받아들여야 할 대답이 아니라 계속 생각해야 할 질문의 원천으로 본다."

→ 교과서를 비롯한 대부분 교사는 독서의 교재를 뭔가 가르치는 수단으로 생각합니다. 〈몽실 언니〉를 통해 '한국전쟁'을 설명하고, 흑인차별이 나오는 그림책을 읽고 미국의 과거를 알려주고 싶어 합니다. 심지어 그림책의 주제도 점점 무거워집니다. 죽음이나 전쟁, 심지어 성노예에 대해 이야기합니다.

"우리가 책을 '제대로' 이해한다는 사실을 증명하기 위해 다른 사람, 특히 우리에게 어떤 권위를 가지고 있는 사람이 제공하는 해석이나 반응을 그대로 외우지 않는다."

→ 아이들이 교사의 눈치를 보지 않고, 평가를 두려워하지 않고 책을 '제대로' 읽게 하려면 어떻게 해야 할까요? 교사의 해석으로 결론짓지 않고 수업을 끝내면 안 될까요? 평가받지 않아도 아이들이 책을 집중해서 읽고 그런 과정을 거쳐 독서능력이 높아지는 방법은 정말 없을까요?

"우리는 책에 엉성하게 관련된 재미있는 놀이를 해보는 것으로 책에 대한 반응을 나타내지 않는다. 즉 책에서 일어나는 사건들을 게임으로 만든다든가, 거기 묘사된 음식을 요리해 본다든가, 주인공을 인터뷰하는 리포터가 되어 비디오를 만든다든가 하는 일들 말이다."

→ 대부분의 독서 지도에서 이런 활동으로 시간을 보냅니다. 우리나라만 그런 줄 알았는데 외국도 비슷한가 보네요. 이런 독후활동은 책 읽기에 초점을 둔 것은 아닙니다. 결과물을 만들기 위해, 누군가에게 보여주기 위해 활동하는 것들이지요.

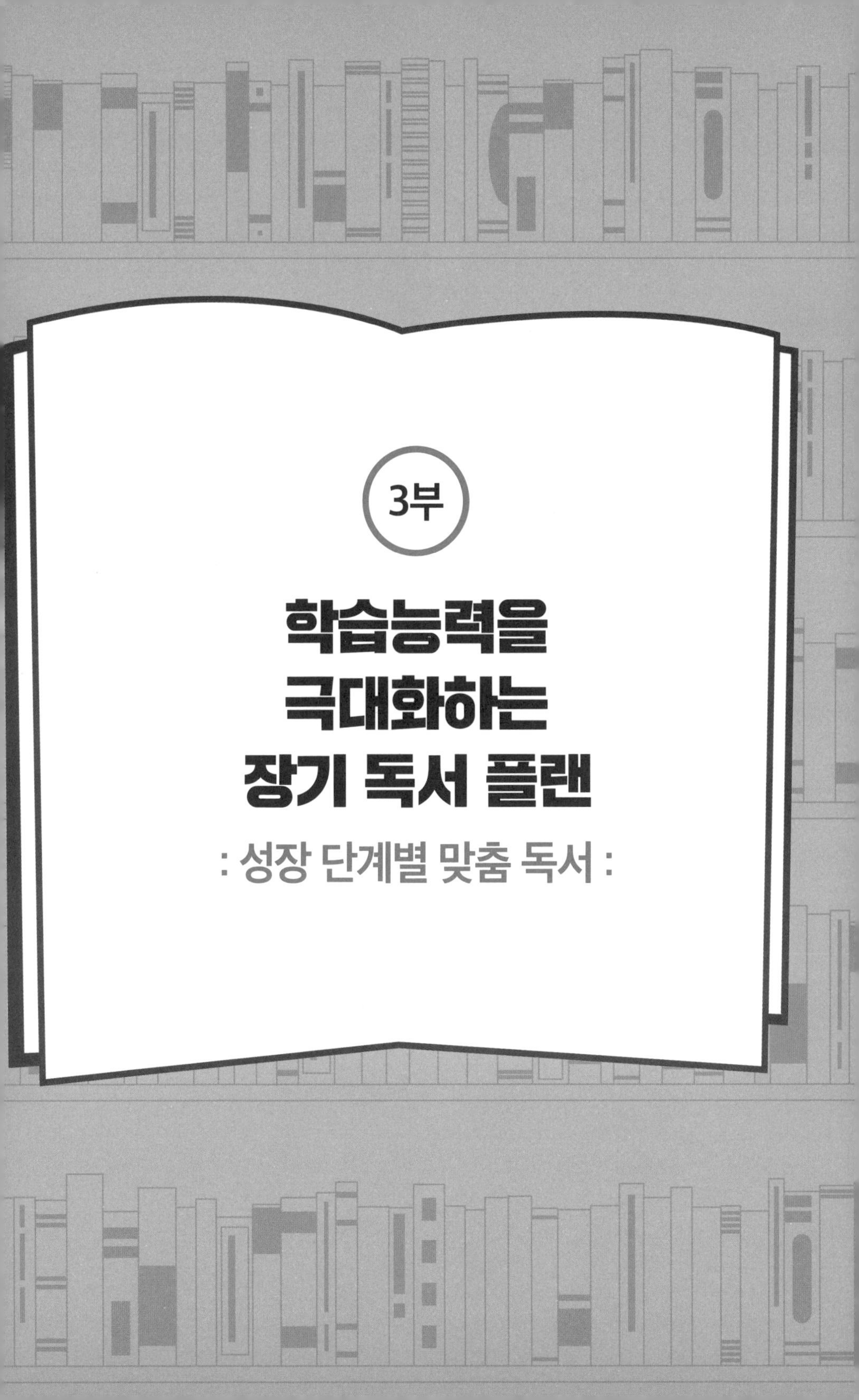

3부

학습능력을 극대화하는 장기 독서 플랜

: 성장 단계별 맞춤 독서 :

독서 강연을 마치고 질의응답 시간을 가질 때마다 부딪치는 문제가 있습니다. 학부모들은 짧고 모호한 질문을 던지면서 바로 써먹을 수 있는 구체적인 해결책을 요구한다는 것이지요. 일대일 면담 시간이 아니라서 자세한 상황을 되묻기도 쉽지 않죠. 그래서 차선책으로 가이드 수준의 일반적인 대답을 드리는데, 그러면 질문자가 불만족스런 표정을 감추며 고개를 끄덕입니다. 강의 중의 질의응답 시간은 제가 가장 당황하는 순간일 때가 많습니다. 학부모들의 질문을 들으며, '음, 자녀가 이 정도 나이는 되었겠군.' 하고 예상하는데 그런 예상이 번번이 어긋나기 때문이죠.

예를 들어 '위인전만 읽으려고 하는데 어떻게 대응해야 하는가?' 하는 질문에 몇 학년이냐고 묻자 초등학교 1학년이라고 합니다. '텔레비전 시청을 어느 정도 허용하는 것이 좋은지' 묻는 학부모에게, 이상한 느낌이 들어 몇 학년이냐고 물었더니 4세랍니다. '영어 동화를 자꾸 해석해달라고 하는데 어떻게 할까요?' 역시 제 예상과 달리 아이는 5세입니다.

아무튼 강연에 참석한 분들의 자녀는 유치원생부터 중고등학생까지 넓게 분포되어 있어 질문자가 요구하는 학년에 맞게 구체적인 해결책을 제시하기는 어렵죠. 저마다 처한 사정이 다르기 때문에 자칫 오해를 불러일으킬 수 있으니까요.

학년만 다르다면 차라리 나을지도 모릅니다. 그러나 각 가정, 각 부모마다 목표도 다릅니다. 책 읽기를 시키는 이유가 있을 텐데 이를 표현하지 않기 때문에 답하기는 더욱더 어렵지요. 예를 들어 '책을 읽어줄 때 자꾸 물어보는데 어떻게 해야 하나요?' 하는 질문을 들으면 저는 일단 일반적인 목표를 가정합니다. 지금 이 부모님은 아이에게 책 읽기의 즐거움을 안겨주고 싶은 것 같다고. 그래서 이렇게 답변합니다. "어려운 낱말을 물어보는 것은 아이가 잠시 쉬고 싶기 때문입니다." 내용이 어렵거나 집중이 흐트러진 아이는 딴짓을 할 수 없다고 여기면 모르는 낱말을 물어보는 경향이 있습니다. 부모가 어떻게 설명해주면 좋을까 생각할 때, 또는 설명해줄 때 아이는 잠깐 쉬는 것이지요. 만일 목표가 제가 생각한 것처럼 '책 읽기의 즐거움'이라면 아이가 모르는 낱말을 물을 때 잠시 쉴 수 있어야 합니다.

그런데 강연에 참석한 사람들은 저마다 목표가 다르기 때문에 고개를 갸웃하는 분들이 있습니다. 그분들은 어떤 목표를 갖고 있을까요? 아이가 책 내용을 이해하기를 바라는 것이겠죠? 만일 그렇다면 때에 따라 설명해 줄 수 있습니다.

그러나 '이해'만이 목표는 아닙니다. 만일 책을 통해 생각을 키워주고 싶다면 이때는 답변이 달라집니다. 설령 이해하지 못하더라도 설명하지 말고 책을 계속 읽어주라고 말입니다. 아이는 아이대로 모르는 채로 계속 기억하려고 애를 쓰며 들어야 하겠죠. 나아가 표현력을 기르는 게 목표일 때는 아이의 질문에 '좀 더 설명을 붙여보라'고 대응합니다. 아이한테 말을 시킬 때도 조리 있게 말하는 것과 부모와 자유롭게 대화하는 것 중 어디에 초점을 두느냐에 따라 이끌어주는 방식은 다 다릅니다.

독서가 아무리 중요하다고 해도 공부의 한 영역이고 삶의 작은 부분입니다. 독서가 영어·수학이나 숙제, 다른 예체능과 비교해서, 또 친구와 놀기, 취미 활동, 잠자기 등을 고려해서 그 비중이 얼마나 되는지 집마다 다릅니다. 숙제를 끝낸 다음에 책을 읽어주는 집과 원할 때마다 읽어주는 집 역시 책을 바라보는 시선이 같을 수 없습니다. 또 자녀의 낮은 독서 집중력은 학습량이 많기 때문일 수 있으며, 잠을 푹 자지 못하기 때문일 수 있습니다.

독서의 중요성을 느끼는 정도는 비슷할 수 있지만 왜 읽는지, 어떻게 읽어야 하는지 개별 사정으로 넘어가면 이처럼 부모의 생각은 천차만별입니다.

사실은, 그런 개별성을 최대한 고려하여 설명해 드리는 게 가장 이상적이겠지요. 그러나 다음 두 가지 때문에, 즉 제가 그렇게 다양한 아이들을 만나지 못했다는 점과 책이라는 형태로 말씀을 전달해야 한다는 점 때문에 여기서는 일반적인 접근을 통해 아이들의 장기 독서 플랜을 이야기해 보려고 합니다. 그런 이유로, 이 책에서 제시하는 내용을 '그대로' 적용하려고 하지 말고, 각 가정의 상황에 맞게 변형시켜야 한다는 점을 강조합니다.

우리 아이들은 변화의 소용돌이 안에서 태어났습니다. 세상은 급격하게 달라지고 있지만 그게 우리 아이들에게 어떤 영향을 끼치는지 정확히 알지 못하죠. 그 가운데 아이들의 독서능력에도 큰 변화가 찾아왔지만 변화의 방향, 성격은 여전히 불투명한 상태입니다. 이를테면 초등학교 3~4학년부터 휴대전화를 사용한 아이들과 초등학교 1~2학년부터 사용한 아이들 사이에는 독서능력에서 뚜렷한 차이를 보이고 있는데 이게 어떤 결과로 이어질지 아직 분석한 연구자료가 전무한 형편이죠. 이 모든 변화가 여전히 진행형이기 때문입니다.

그래서 우리는 이런 변화를 감안하여 장기 독서 플랜을 짤 수 없습니다. 이보다는 다소 시대 변화상에 둔감할지라도 기준점이 될 만한 그 무엇으로부터 접근해 보는 게 좋을 것 같습니다. 성장 단계별 혹은 시기별 접근법입니다.

저는 책 〈우리 아이 12년 공부 계획〉에서 시기별 특징을 서술하고 아이들의 공부 전략으로 '학습능력', 즉 기억력, 사고력, 독해력을 높이는 방법이 적합하다고 제안했습니다. 그리고 강의에서는 학부모들의 요청으로 시기별로 어떤 학습능력을 중점적으로 길러야 하는지 다소 과감하게 연결시켰습니다. 이를테면 초등 저학년은 기억력, 고학년은 사고력, 중학생은 독해력, 고등학생은 표현력에 중점을 두는 것이 좋다는 식으로 말입니다.

이 책에서도 독서 시기를 학년 중심으로 나누었습니다. 약간 조정하긴 했습니다. 초등 저학년에서 1학년을 빼서 유치부와 연결하고, 중등부를 초등 6학년부터 포함했습니다. 아직은 그렇게 나눠야 할 이유를 설득력 있게 제시하지 못합니다. 제 경험에 따라 구분한 것이기 때문에 아이의 수준에 따라 시기를 넘나들어도 좋습니다.

가장 먼저 각 시기별로 아이들이 부딪치는 문제를 추적해 보았습니다. 이 문제들은 학부모들이 주로 고민하고 질문하는 내용을 정리한 것으로, 독서능력을 기준으로 살펴보았습니다. 시기별로 독서능력을 하나씩 대응시키면서 문제점을 파악했지만 아이의 수준에 따라서 융통성 있게 받아들이면 좋겠습니다. 이를테면 중학생인데도 기억력이 부족하면 초등 저학년 시기의 문제점이 비슷하게 드러날 수 있습니다. 또한 쓰기를 싫어하는 아이들은 학년과 무관하게 대체로 기억이 정확하지 않다는 공통점을 보입니다.

많은 부모가 저학년 때부터 독해를 못 한다고 걱정하는데 저는 초등학생에게 독해보다 다른 능력을 요구하는 편입니다. 기억력이나 사고력이 갖춰지지 않으면 독해력이 높아지지 않는다는 경험 때문에 그런 것이지요.

1장

집중력을 익힐 나이

유치부에서 초등 1학년까지

책을 좋아하는 아이와 싫어하는 아이, 어디에서 갈릴까?

유치원 시절 아이들은 이야기에 호기심을 갖고, 부모가 읽어주면 곧잘 듣습니다. 물론 아직 어려서 겉보기에는 산만하다고 볼 정도로 크게 움직이거나 딴짓하면서 듣습니다. 그림을 그리기도 하고, 장난감을 만지면서 듣기도 하고, 심지어 같이 떠들기도 하지요. 엉뚱한 질문도 많이 던지고 물어보면 대답도 엉뚱합니다. 제대로 듣고 이해하는지 헷갈립니다. 하지만 순간 집중하는 모습이나 며칠 전에 읽어준 책에 등장하는 어려운 낱말을 기억하는 정도, 그보다는 전반적인 호기심이나 탐구심 등을 보면서 잘 듣고 있다고 긍정적으로 판단합니다.

그래서 많은 부모가 하품을 하면서도 밤늦게까지 책을 읽어주고, 어려운 살림에도 전집을 들여놓습니다. 한 책을 다 읽을 때마다 아이는 더 읽어달라고 조르고, 부모는 '오늘은 여기까지.' 하고 실랑이를 벌입니다. 더 읽어주고 싶지만, 아이가 너무 늦게 자면 안 좋을 것 같고, 이렇게 책을 좋아한다면 조급할 필요는 없다고 생각하면서 속으로 흐뭇해합니다.

그러다가 조금씩 욕심이 생깁니다. 아이들이 책 내용에 대해서 이것저것 끊임없이 물어보니 기대감이 높아지죠. 아이들은 낱말의 뜻도 묻고, 왜 그렇게 전개되는지도 묻고, 가끔 감정을 분명하게 드러내거나 심각하게 생각하기도 합니다. 이런 모습을 지켜본 부모로서는 은연중에 아이가 커서도 책을 좋아하게 되리라고 기대하게 됩니다.

그러다 초등 고학년이 되면 사태가 변합니다. 아이가 조금 크더니 밖에 나가서 노는 것을 좋아하거나 스마트폰이나 게임 등 영상·디지털 매체에 빠져 있습니다. 물론 공차기나 영상·디지털 매체보다 책이 재미없다는 사실은 부모도 잘 압니다. 그런데 옆집 아이는요? 그 아이들은 책 읽기 과제를 주면 틈틈이 읽잖아요? 그런데 우리 아이는 아무리 혼을 내도 자투리 시간에 빈둥거리기만 할 뿐 만화책도 안 봅니다. 부모는 억울한 마음으로 이렇게 말하죠.

"어릴 때 책을 읽어주면 무척 좋아했어요. 커서도 책을 좋아할 줄 알았죠. 잠잘 생각도 안 하고 계속 책을 읽어달라고 하고, 내용을 거의 외우다시피 하는데도 또 읽어달라고 했던 아이였는데."

도대체 책을 좋아하는 아이와 싫어하는 아이는 어디에서 갈라진 것일까요?

낱말 구사력을 근거로 영재 교육을 하는 것은 위험하다

처음 이야기에 호기심을 갖게 된 아이들은 무척 놀라운 반응을 보입니다. 소위 '깨달았다'라는 모습을 보여주지요. 새로운 사실을 알았을 때, 글자를 처음 읽을 때, 이야기의 내용을 이해했을 때, 어른들이 가장 이상적으로 생각하는 지적 탐구심 같은 것이 나타납니다.

실제로 이 시기의 아이들이 자신의 욕구를 언어로 분명하게 표현하고, 일상의 낯선 영역을 언어로 파악하는 것은 놀라운 경험입니다. 각각의 사물에, 각각의 상황에 대응하는 낱말이 있다는 것을 깨닫게 되고 이를 능동적으로 알고 싶어 합니다. 이 과정을 알 수 있는 대표적인 장면이 있죠. 손에 물을 떨어뜨렸을 때 헬렌 켈러가 그 차가운 것을

'물'이라는 말로 개념화한다는 사실을 깨닫는 장면이지요. 우리 아이들 역시 그처럼 극적으로 언어를 발견합니다.

이렇게 글자를 알고, 이야기를 들으면서 자기 주변을 탐구합니다. 그리고 그것을 직접, 간접으로 반복해서 연습합니다. 상상으로, 그리고 놀이를 통해. 아이들은 어른들이 짜증 날 정도로 이야기나 책, 특정 장면을 끊임없이 반복합니다. 이때 아이들은 자기가 아는 것을 물어보기도 합니다. 자랑하기도 하고 확인하고 싶기도 한 것이죠. 실제로 어른들이 답하기 힘들 정도로 끊임없이 물어봅니다. '뭐야?', '왜?' 물어보고 대답을 기다리지 않을 때도 있습니다.

이렇게 언어 구사력이 높아지면 부모들은 욕심이 생깁니다. 읽어준 이야기를 세세하게 기억하고 가끔 어려운 낱말을 적절한 상황에 맞게 쓰는 것을 보며, 우리 아이가 혹시 영재가 아닐까 하고 생각합니다.

미국의 아동발달 연구가인 데이비드 엘킨드가 유치원에서 몰래 아동을 관찰하고 있을 때였습니다. 5세 아이가 불쑥 질문을 던지더랍니다. "당신의 정체는 무엇이냐?" 엘킨드는 깜짝 놀랐죠. 그에 말에 따르면 '문제가 있는 아이들을 관찰하고 연구하고 있으므로 약간의 죄책감을 느끼고 있었기' 때문이랍니다. 그러나 곧 마음을 진정하고 되물었습니다. "네가 의미하는 '정체'는 무슨 뜻이니?" 그러자 아이가 대답합니다. "클라크 켄트가 슈퍼맨의 정체."(〈잘못된 교육〉, 원미사, 151쪽.)

'정체'란 '사람이 본디 지닌 형상으로, 그 사람의 신분, 성격, 특성 등을 가리킨다'라고 사전은 정의하는데 이 아이는 단지 누구인지 알고 싶다는 의미로 썼던 것이지요(아저씨 누구세요?).

그는 많은 부모가 이럴 때 아이의 정신적 수준을 오판할 수 있다고 경고합니다. 그는 또 다른 예를 듭니다. 아이가 '아빠, 왜 태양이 빛나지?' 하고 물을 때 그는 아이에게 열과 빛의 관계에 대한 과학적 설명을 해주려다가 생각을 바꿔서 '우리를 따뜻하게 해주려고. 풀과 꽃을 자라게 하려면 햇빛이 빛나야 되지.'라고 말했답니다. 엘킨드는 아이의 수준을 훨씬 넘어서는 설명은 지적인 도전이 아니라 잘못 가르치는 것이라고 강조합니다.

요즘 우리 주변에는 이런 경우 아이들에게 과학적인 대답이 중요하다고 말하는 사람들이 많습니다. 그리고 설명을 잘 듣지 않거나 엉뚱한 질문을 다시 하면 뭘 가르쳐야 할지, 어떻게 도와주면 좋을지 고민합니다. 그래서 주변에 걱정스러운 듯이 얘기하면 한마디 핀잔을 듣지요. "재능이 있으면 밀어줘야지, 왜 방치해요?" 그런 말을 듣고 서둘러 영재 교육기관을 알아봅니다.

그리고 명작, 고전이나 과학 전집, 세계사 등 지식이 담긴 책을 삽니다. 아이들이 지금 보여주는 호기심과, 어쩌면 계발되지 않은 높은 지능으로 충분히 소화할 수 있을 것처럼 보입니다. 2센티미터 부족하면 부모가 도와주면 됩니다. 부모가 시간이 없거나 내용이 어려우면 좋은 선생을 찾으면 됩니다. 만일 부모만 잘 받쳐준다면 호기심은 지적 탐구심으로 성장할 것이요, 엉뚱한 질문은 높은 사고력으로 계발될 것이라고 기대합니다. 아니, 욕심을 갖고 아이를 조금씩 밀어붙이죠.

호기심이 사라지면서 집중력이 떨어진다

그런데 어느 순간 아이들의 지적 호기심이 사라집니다. 책을 읽으라고 하거나 설명해주면 짜증을 냅니다. 나가서 놀거나 그림을 그리거나 장난감을 갖고 놀 뿐 책은 쳐다보지 않습니다. '그럴 때도 있겠지!' 하면서 기다리지만 다시 책으로 돌아오지 않습니다. 물론 책을 읽게 하거나 혹은 읽어줍니다. 그러나 이제는 질문이 없습니다. 혹시 내용이 어렵지 않았는지, 부담스럽지 않았는지 고개를 갸웃하면서 설명도 해보고 과제를 줄여보기도 하고 놀이를 만들어 책과 친해지도록 유도해 보지만 아이는 요지부동입니다.

빠르면 유치부 시절부터 이런 호기심이나 사고력이 조금씩 줄어들다가 학년이 올라가면서 흔적 없이 사라집니다. 초등학생이 되면 '그냥' 형태의 단답형으로 대답합니다. 학교에 오래 다닐수록, 공부를 많이 할수록, 지식이 많아질수록 사고력이 빈약한 아이들이 많습니다. 이렇게 능력이 떨어지면서 책을 싫어하게 되고, 읽어도 흥미를 잃게 되고, 차츰 책에서 멀어집니다.

하지만 유치부 시절 아이들은 아직 어려서 큰아이들처럼 자신의 상태나 모습을 솔직히 보여주지 않습니다. 책을 읽고 이것저것 물어보거나 표현을 하면 칭찬을 받았는데, 가만히 있으면 부모의 애정을 받지 못할까 봐 두렵기 때문입니다. 그래서 아이들은 꾀를 부립니다. 책을 읽거나 들을 때 책이 어렵다거나 재미없다고 하면서 예전에 들은/읽은 책만 반복합니다. 또는 책의 어느 한 부분과 관련된 자기 경험을 주로 얘기합니다. 또는 등장인물의 심하게 잘못된 행동에 대해 강하게 비판합니다. 어려운 책을 붙들고 대충 읽거나, 중간을 건너뛰고 앞뒤만 읽은 뒤 다 읽었다고 합니다.

이런 그릇된 듣기/읽기 태도는 자세히 관찰하지 않으면 잘 보이지 않습니다. 아이들의 의식적인 선택이라기보다 일종의 '생존전략'에 가깝기 때문입니다. 부모한테 뭔가 물어봅니다. 그렇지만 질문 자체가 중요하지 않습니다. 대답하는 말투나 분위기를 통해 오늘은 어떤 상황인지 '감'을 잡으려고 애씁니다. 역시 어떤 기준으로 평가할 것인지 파악하려고 합니다. 이런 기준을 '감' 잡지 못하면 아이들은 끊임없이 부모를 쳐다보면서 눈치를 보게 됩니다.

아이들이 호기심이 없어지고 집중력이 떨어지면서 책에 흥미를 잃게 되는 이유는 스스로 깨달아야 하는 과정이 평가받는 공부로 바뀌었기 때문입니다. 책을 읽어주고 제대로 들었는지 확인할 때, 아이들은 책 내용을 즐겁게 듣기보다는 부모가 강조하는 가치가 무엇인지 파악하려고 노력하게 됩니다. 읽어줄 때 억양과 강조와 묘한 어감에 더 신경을 쓰게 됩니다.

또 다른 이유로는 책이 아이 수준에 비해 어렵기 때문입니다. 추상적 개념이 많이 나온다거나 아이의 삶과 너무 동떨어진 내용이라면 이해하기 어렵습니다. 낱말을 기억한다 해도 내용이 무슨 뜻인지 모릅니다. 부모가 설명해줘도 역시 마찬가지입니다. 이렇게 계속해서 어려운 책을 듣는다면 아이는 뭔가 꾀를 쓸 수밖에 없습니다.

어려운 낱말을 정확히 기억한다 해도, 이것이 포함된 장면까지 이해하는 것은 이 시기의 아이들에게 무척 힘든 일입니다. 어려운 책을 통해 지식을 가르치려는 부모의 욕심은 스스로 깨달으려는 아이의 호기심을 방해합니다. 그러면서 아이는 책에서 멀어지는 것이지요.

대신 놀이나 예체능에서는 강한 집중력을 보여줍니다. 그러면 부모는 원래부터 언어능력은 약한 편인가 하고 생각합니다. 가르치고 평가하는 과정으로 인해 호기심이 사라지고 책에서 멀어졌다고 생각하지 않는 것이지요. 언어 이외의 영역에서는 여전히 집중력을 보여주니까 아이가 달라졌다고 인정하지 않습니다. 실제로는 바로 여기가 책을 좋아하는 아이와 싫어하는 아이로 갈라지는 시작점인데 말입니다.

집중력을 우선순위에 둔다

그렇다면 어떻게 해야 할까요? 이미 진단 과정을 통해 무엇이 문제인지 확인했으니 그걸 주의하면 됩니다. 즉 아이의 책 읽는 즐거움을 부모가 공부라는 미명 아래 가로채면 안 되겠지요. 나아가 이 시기의 독서 목표를 '지식의 양적 확대'처럼 거창한 게 아니라 그저 단순하게 '집중력' 하나로 압축하는 게 중요합니다.

이 시기의 아이들은 책을 읽는(혹은 읽어주는) 짧은 순간, 무척 강한 집중력을 보이기는 해도 조금 더 긴 시간에는 거의 집중하지 못하죠.

이 아이의 집중력은 강하다고 볼 수 있을까요? 한 아이의 집중력은 부모가 요구할 때 나타나는 짧은 순간의 센 강도가 아니라, 일정 시간 동안 약하게 나타난 강도로 평가해야 한다고 봅니다. 10분 정도 책을 듣거나 읽을 때 1~2분 강하게 집중하면 중요한 낱말을 기억할 순 있어도 전체 내용을 기억하지 못하기 때문에 제대로 독해하지 못합니다. 특히 앞부분을 자세히 기억하면서 뒷부분을 전혀 기억하지 못하는 아이들이 그렇지요.

그런데도 이를 크게 신경을 쓰지 않는 것은 집중력보다는 내용 이해를 중시하기 때문입니다. 강한 집중력으로 들었는데 내용을 이해하지 못하면 겉보기와 달리 집중하지 않았다고 판단합니다. 반대로 집중하지 않고 들었지만 내용을 파악하면 잘 들었다고 칭찬합니다. 그래서 아이들도 순간의 집중력보다는 내용 파악을 중요하게 생각합니다.

하지만 어린 시절에 내용을 파악하는 것은 책을 집중해서 들었다고 가능한 것이 아닙니다. 그보다는 비슷한 경험을 했거나 부모한테 비슷한 얘기를 들었을 때 책 내용을 잘 파악할 것입니다.

그럼 집중력과 이해력은 어떤 관계일까요? 왜 집중력이 중요할까요? 저는 집중력을 독서능력의 선행지수라고 생각합니다. 주변 아이들을 관찰해보면 집중력이 떨어진 아이들이 1년 정도 지나면 이해력도 같이 떨어지는 것을 자주 확인할 수 있었습니다. 마찬가지로 이해력이 높아지는 아이들은 대체로 집중력이 1년 이상 좋아진 상태를 유지하고 있었고요.

독서에서 집중력은 기초체력과 같습니다. 운동할 때 기본기를 익히고 실전연습을 쌓아야 실력이 향상됩니다. 체력만 좋다고 운동을 잘

하는 것도 아니지요. 그렇지만 체력이 약하면 기본기를 익히기 힘듭니다. 실전연습도 효과가 작습니다. 마찬가지로 집중력이 높다고 해서 곧바로 독해를 잘하는 것은 아닙니다. 그렇지만 집중력이 약하면 책을 읽는 것 자체를 힘들어합니다. 그리고 들인 시간에 비해 효과가 작습니다. 집중력이 높아야 이해력도 제대로 작동할 수 있습니다.

어린 시절에 아이들의 집중력을 높이려면 이야기를 읽어주는 것이 좋습니다. 물론 낱말 기억이나 내용 파악보다는 집중 자체에 초점을 두고 듣게 합니다. 들을 때 자세가 흐트러지거나 다소 산만하게 움직이는 것은 방해되지 않습니다. 오히려 가만히 앉아서 들으라고 요구하는 것이 딴생각하게끔 방치하는 셈입니다. 아이들은 아직 음미할 줄 모르거든요. 녹음해서 속도를 높여 들려주기도 하고, 종이에 가볍게 뭔가를 그리거나, 내용을 몸으로 표현하면서 시끄럽게 떠드는 것을 허용하는 것이 좋습니다.

집중하지 않는다고 혼을 내서는 안 됩니다. 이보다는 책이 쉬운지 어려운지, 아이가 직전에 무슨 활동을 했는지, 그리고 끝나면 무엇을 해야 하는지 함께 살펴보는 것이 필요합니다. 읽어줄 때는 아이를 지켜보지 못하지요. 제대로 듣는지 신경이 쓰인다면 부모가 녹음해서 이를 틀어주고 아이와 함께 듣는다면 훨씬 분위기가 좋습니다. 또 친구와 같이 듣는다면 장난칠까 염려도 되지만 오히려 집중이 높아질 가능성이 더 큽니다. 끝나고 놀 기회를 주면 더 좋겠지요.

아이가 어떤 맥락에서 그 낱말을 쓰는지 표현하게 한다

엘킨드는 유치부에서 초등 저학년 아이들의 언어 구사력은 개념적 지식수준을 훨씬 앞선다고 말합니다. 그래서 실제로 알고 있는 것보다 더 많이 알고 있는 것처럼 보이고, 더 똑똑해 보입니다. 이 때문에 조금 어려운 내용도 잘 설명해주면 알아듣지 않을까 싶어 추상적인 답변을 들려주죠. 엘킨드는 바로 이런 유혹에 조심해야 한다고 강조합니다.

그는 이런 얘기를 합니다. 아이가 '성'을 물어볼 때 미국 부모들은 기초 성교육으로 '새들과 벌들'의 얘기를 해주는가 봅니다. 다시 말해 새가 짝짓기를 할 때 수컷이 암컷 등에 올라타는 장면이나 벌이 꽃의 꿀을 빨아 먹는 과정에서 꽃가루를 옮겨주는 모습 등을 설명하며 새로운 생명이 탄생하는 걸 알려주는 것입니다. 그런 설명을 들은 아이가 일단 '알았다'고 하죠. 그런데 이런 말을 덧붙이더랍니다.

"시험 볼 때 '성(여성/남성)'이 나오는데 여성, 남성은 알겠는데 '성'은 무엇인지 모르겠다."(같은 책, 154쪽)

이렇게 아이들은 어른들이 생각하는 것과 다른 의미로 질문을 하는 경우가 많습니다. 그래서 원하는 답변을 해주기가 쉽지 않은 것이지요. 그렇지만 아이들은 책을 읽으며 잘 모르는 낱말이 나오면 자꾸 질문하게 마련이고, 부모로서는 이를 무시할 수 없습니다. 심리학자들이 권하는 것처럼 항상 "네 생각은 어떤데?" 하고 대답할 수만은 없습니다. 그렇다고 사전의 뜻으로, 또는 과학적으로 자세하게, 다양하게 대답하면 안 되지요. 듣다가 돌아설 테니까요.

그럼 어떻게 할까요?

책을 듣다가 낱말을 물어볼 때는 '다 듣고 나서 다시 물어보라'고 하면 됩니다. 사실 그 낱말의 뜻을 모르기도 하지만 낱말이 포함된 문장이나 맥락도 모르는 경우가 많습니다. 그런데 전체적인 내용을 모른다고 묻기는 어렵고 하니 낱말 하나를 모른다고 묻는 것입니다. 반대로 전체에 대한 감을 잡은 아이는 모르는 낱말이 나와도 그냥 지나치며 듣곤 합니다.

그러면 일상에서 낱말을 물어보면 어떻게 할까요? 그 낱말을 어떤 맥락에서 쓰는지 아는 게 중요합니다. 그래서 낱말을 문장으로 만들도록 유도합니다. 그 낱말을 넣어서 짧은 글짓기를 하는 식으로 말입니다. 기왕이면 아이가 겪은 경험을 얘기하거나 쓰도록 하면, 아이가 그 낱말을 어떤 의미로 쓰고 있는지 짐작할 수 있어 원하는 답변을 해줄 수 있습니다.

말은 수단입니다. 손가락으로 달을 가리키며 달을 보라고 할 때 많은 사람이 손가락을 본다고 지적하는 것처럼, 언어로 사물을 가리키거나 상황을 나타낼 때 추상적인 언어에 집착하지 말고 누가 그런 말을 왜 하는지 구체적인 사물이나 상황에 주의를 기울여야 합니다.

7세 아이가 〈해와 달이 된 오누이〉를 여러 번 듣고 묻습니다. "그러면 그전에는 해와 달이 없었어?" 아빠는 과학이 전공이라 과학적으로 답해주고 싶어 합니다. 엄마가 간신히 말리긴 했지만 엄마도 어떻게 답해야 할지 난감했다고 합니다. 아마도 그 아이는 해와 달이 없을 때 세상이 어떠할지 궁금했거나 해와 달이 없을 때 무슨 일이 벌어질지 걱정이 되어 물었을지도 모릅니다. 그럴 때는 아이가 왜 묻는지 아이의 생각을 끄집어내고, 아이가 자신의 호기심이나 걱정을 더 표현할 수 있도록 간접적으로 대답해주는 것이 좋을 것입니다(해와 달이 없으면 어떻게 될까?).

어려운 낱말을 구사할 때 '영재 아닐까?' 하고 확인하고 싶은 마음을 억누르고 어떤 상황을 말하는 것인지 파악하고, 또 그런 말을 하는 내 아이가 어떤 책을 읽고 그런 질문을 하는지 자신이 말하는 맥락을 더 표현하게끔 도와주세요. 그 낱말의 뜻을 곧바로 알려주는 것보다는 그 낱말을 어디에서 배웠는지 아이로 하여금 더 표현하도록 해서 아이가 낱말보다 맥락을 중시할 수 있도록 방향을 잡아주는 것입니다. 또 그런 과정을 통해 아이가 원하는 답변이 무엇인지 짐작할 수도 있고요. 그리고 이런 과정은 길게 집중하는 데도 도움이 되죠. 낱말 하나에 머물러 있지 않고 맥락 안으로 들어가도록 유도하기 때문이죠.

2
장

기억력을 배울 나이

초등 저학년(2~3학년)

책은 잘 읽는데 왜 '쓰기'가 부족하지?

초등 저학년 때에는 많은 아이가 책을 좋아합니다. 글자를 스스로 깨쳐서 읽는 아이도 있고, 1학년인데도 유창하게 읽는 아이도 있습니다. 그런데 이상합니다. 책 읽기는 잘하는데 학교에서 요구하는 일기나 독서록을 보면 왜 이것밖에 못 쓸까 의아합니다. 그렇게 책을 잘 읽고 많이 읽었으면 일기 내용도 풍부하고, 독서록도 조리 있게 써야 정상 같습니다. 유치원 시절 반짝반짝하던, 재치 있는 말재주나 창의력은 어디로 갔는지 모르겠습니다. '놀았다', '재밌었다'라는 뻔한 표현도 마뜩잖지만 삐뚤빼뚤 글씨체는 가관입니다. 줄이 쳐진 공책인데 줄도 못 맞춥니다.

의구심이 듭니다. 책을 제대로 읽는지 관찰합니다. 이상한 점이 눈에 띕니다. 너무 빨리 읽습니다. 대충 읽는 것이 아닐까요? 심지어 어른보다 빨리 읽는 아이도 있습니다. 또 재미있다고 하길래 무슨 책이냐고 물으면 주인공 이름은커녕 책 제목도 기억하지 못합니다. 뒷부분은 꾸며서 이야기할 때도 있습니다. 그런데 물어보면 대략적인 내용은 파악하는 듯합니다. 창의적으로 해석하는 것인지, 세부 내용은 중요하지 않다고 보는 것인지 판단하기 쉽지 않습니다.

또 읽은 책만 반복해서 읽고 새로운 책은 좀처럼 손대지 않는 아이가 있는가 하면, 한 번 읽은 책은 두 번 다시 쳐다보지 않는 아이도 있습니다. 누구는 동화만 주로 읽고 지식 책은 거들떠보지도 않습니다. 반대로 동화라면 쳐다보지 않는 아이도 있어 독서 편식을 하는 것은 아닌가 걱정스럽습니다. 또 만화만 보는 아이도 있고, 책을 읽고 나서 그림만 그리겠다고 하는 아이도 있습니다.

확인에 들어갑니다. 책을 읽어주고 조심스레 물어봅니다. 그러면 아이는 대충 대답합니다. 그래서 한마디 지적하면 나름대로 정답 비슷하게 얘기합니다. 몇 가지 더 물어보면 '몰라', 왜 그렇게 생각하느냐고 물으면 '그냥' 하고 답합니다. '얘가 벌써 마음을 닫으려고 하나? 사춘기가 이렇게 빨리 오나?' 불안이 둥지를 틉니다.

일단 근심은 접어두기로 합니다. 일기나 독서록은 학교 숙제이고 분명한 결과물이므로 여기에 초점을 두기로 하고, 직접 지도하거나 사교육에 맡깁니다. 초기에는 아이들이 잘 따라옵니다. 다시 안심합니

다. '그래 힘들 때 조금만 받쳐주면 잘하는데, 괜히 걱정했어.'

하지만 몇 개월이 지나도 쓰기 실력이 늘지 않습니다. 고민이 다시 원점으로 돌아갑니다. '쓰기를 잘못 가르쳤나, 아니면 읽기를 다시 점검해야 하나? 아니 말하기를 배우면 좋아질까, 아니면 더 많이 읽어줘야 하나?'

읽기 능력, 특히 기억력이 부족하다

저학년 아이 중에 쉽게 글을 쓰는 아이도 있습니다. 맞춤법에 신경 쓰지 않고, 소리 나는 대로 머릿속에 떠오르는 대로 쓰는 버릇이 든 아이는 부담 없이 글을 씁니다. 그런데 이 아이들로 하여금 쓰기를 싫어하게 만드는 방법이 있습니다. 자기 경험과 연결시켜서 쓰라고 하거나 읽은 책의 중심 내용을 담으라고 하거나, 읽는 사람이 알기 쉽게 쓰라는 등의 요구를 하면 되죠. 그때부터 아이는 쓰기를 싫어하고 힘들어합니다.

많은 아이가 대체로 쓰기를 싫어합니다. 손에 힘이 없어서 또는 생각이 정리되지 않아서 그렇기도 합니다만 이보다는 여러 가지 요구가 많기 때문일 것입니다. 책을 재미있게 읽고 그 책의 내용을 거의 다 소화했다 해도, 자기 경험을 신나게 말로 전개했다고 해도, 글을 쓰면서 책 내용과 자기 경험을 연결하는 것은 어려운 일입니다. 여기에 더해 글씨체, 맞춤법, 띄어쓰기, 문장 호응, 구성 등을 고려해서 쓰는 일은 더욱 힘들 수밖에 없습니다.

저학년이 쓰기를 할 때는 읽은 것과 비슷하게 쓰기보다는 말하듯이 쓰는 경우가 많습니다. 아이들이 쓸거리를 생각할 때 동화 같은 구성을 짤 수 없기 때문입니다. 더구나 쓰는 데 도움이 되는 기본 문장을 많이 익히지 못했기 때문에 결국 말하듯이 쓸 수밖에 없습니다. 그런데 '말하기' 역시 매끄럽고 유창하게 하기는 쉽지 않습니다. '쓰기'는 글쓰기나 논술 수업 등으로 배우기도 하는데, '말하기'는 배우기도 어렵고 체계적으로 연습하는 것은 더 어렵습니다.

'쓰기'는 말하듯이 쓰는 습관이 들지 않았다면 '말하기'보다는 '읽기'의 영향을 더 받습니다. '읽기'가 충분치 못한 상태에서 '쓰기'를 가르칠 수는 없습니다. 어떻게 써야 할지 모방해야 할 기준이 없기 때문입니다. 그러면 글씨체나 맞춤법에 집중해서 쓰려고 할 뿐 제 생각을 힘들게 끄집어내려고 하지 않습니다.

재미있게 읽었다는 책에 대해 글을 쓸 때 주인공 이름을 기억하지 못하는 아이들이 많습니다. 그렇다면 그들은 중요 사건이나 그 해결 방법도 거의 기억하지 못할 것입니다. 그래서 '재미있다'라거나 '거짓말을 하지 말아야겠다'라는 교훈을 얻었다는 등 이미 알고 있는 내용으로 쓰게 됩니다. 책을 읽고 새롭게 알게 된 내용이나 궁금한 점을 기억하지 못하기 때문에 글을 길게, 생생하게 쓰지 못하는 것입니다.

책을 읽고 유창하게 내용을 말하는 아이도 글은 잘 쓰지 못하는 경우가 있습니다. 이때 아이가 꾸며서, 책에 나오지 않는 내용을 말하는 것은 아닌지 살펴봐야 합니다. 글을 길게 쓰는 아이 중에도 책 내용과 관련 없는 것으로 분량을 채우는 아이가 있습니다. 이런 아이도 차츰 글 쓰는 것을 싫어하게 되지요.

그래서 '쓰기'를 못하면 먼저 '읽기'를 점검합니다. 읽은 내용을 얼마나 정확하고 자세하게 기억하고 있는지 점검합니다. 많은 아이가 책을 읽고 내용을 파악했다 해도 세세한 내용을 기억하지 못합니다. 자신이 이미 알고 있고 경험한 내용을 반복하는 수준으로 읽는다면 새로운 내용을 흡수하지 못했기 때문에 새로 쓸 내용이 없는 것입니다.

기억한 정보가 연결되어 있지 않다

달리 보면 요즘 아이들은 정보가 많습니다. 예전보다 공부를 많이 하고 여러 매체를 통해 많은 정보를 받아들입니다. 어른들이 당연하게 생각하는 상식이 부족한 경우가 많지만, 부모들 어릴 때와 비교하면 아이들이 가진 정보가 풍부하다는 느낌이 듭니다. 그렇지만 이런 정보들은 자신의 경험과 연결되지 않고 대부분 교과서와 대중매체로부터 일방적으로 공급받은 것입니다.

교과서 지식은 주로 시험공부나 문제집 풀이 중심으로 공부한 것이므로 아이들은 정답 형태의 지식을 빠르게 잘 찾을 뿐입니다. 다른 정답이 가능하다는 것을 생각조차 못 하며, 심하면 이런 다양한 생각을 부정합니다. 헷갈리게 생각하다가 정답을 틀릴 수 있다고 말입니다. 인터넷 지식은 다양하다는 점에서 교과서를 보완할 수 있겠지만 신뢰할 만한 지식이라고 믿기 어렵습니다. 다수가 인정한다 해서 그 내용을 보편적인 지식이라 할 수 없으니까요. 인터넷으로 검색한 지식은 참고용일 뿐 그 내용이 옳다고 인정하기는 곤란합니다.

이렇게 교과서 지식은 비판 없이 암기하고 있고 대중매체 지식은 확신 없이 훑어보고 있어, 아이들의 지식은 체계적으로 연결되어 있지 않고 심지어 모순되는 내용이 나열되어 있습니다. 그래서 요즘 아이들은 '~일 수도 있다'라는 표현을 자주 씁니다. 왜 그렇게 생각하느냐고 물어보면 '그러면 아닐 수도 있다'라고 답하지요.

정보를 연결하는 능력은 정보의 양과 무관합니다. 많다고 통합이 잘되는 건 아니죠. 성인 중에도 잡학다식으로 인정받는 사람들이 있습니다. 물어보면 거의 모든 주제에 대해서 한마디쯤 거들 수 있고, 실제로 호기심도 문어발처럼 사방으로 뻗어 있습니다. 그런데 이런 백과사전파들 중에는 지식과 삶을 연결 짓지 못하는 사람들도 흔히 찾아볼 수 있죠. 그들은 머릿속에 넣어둔 것을 인생이라는 중요한 순간에는 꺼내지 못하고 자랑할 때만 쓰는 것 같습니다.

지식을 체계적으로 구성하려면 자기 생각을 중심으로 비판적으로 재구성해야 합니다. 자기 생각은 일상에서 보고 듣는 부모의 가치나 자신이 직접 겪은 체험 등을 바탕으로 형성될 것입니다. 그런데 역사나 과학 지식을 접하는 아이들에게 과연 자기 생각이 미리 준비되어 있을까요? 더구나 자신의 시각이 없으므로 공부한 내용에 대해 비판적으로 접근하는 것은 더욱더 어렵겠지요.

그래서 어렸을 때부터 지식 책을 즐겨 읽고 지식이 많아 보이는 아이일수록 똑똑한 것처럼 보이는데, 비판적인 능력뿐 아니라 체계적인 지식이 부족합니다. 더욱이 지식들을 결합시키는 훈련이 되어 있지 않아 기존 지식과 새로운 지식을 연결하려고 의식적으로 노력하지 않습니다. 이 책과 저 책은 별개의 책일 뿐이죠.

이렇게 결합된 지식이 아니라 단편적 정보를 많이 가진 아이들은 학년이 올라감에 따라 책 읽기를 힘들어합니다. 읽는 내용이 어려워지고 복잡해지는데, 이를 정확히 기억해서 서로 연결하지 못하기 때문입니다. 그래서 학교 공부를 회피하게 되고 기억하지 않아도 이해하기 쉬운 판타지나 만화, 영상매체에 빠져들게 되죠.

이야기 전체를 말로 발표하면서 기억력을 기른다

그럼 어떻게 할까요? 우선은 기억력 자체를 목표로 삼아야 합니다. 특히 기억의 결과물, 즉 얼마나 기억하고 있는지보다는 기억하려고 애쓰는 과정이 중요합니다. 이를테면 가물거리는 기억을 다시 되살리려고 하는 모습을 관찰하면서 살핍니다.

능력을 높이려면 결과에 대한 평가는 유보합니다. 부모가 책 읽기를 평가하면 아이는 평가 기준이 무엇인지 알고 싶어 하고, 부모의 눈치를 보게 됩니다. 부모가 주로 어떤 내용을 질문하는지, 부모가 무엇을 중요하다고 생각하는지 염두에 두고 책을 읽게 됩니다. 그러다 보니 책 내용에 집중하지 못하고, 부모의 기준에 맞춰 책 내용을 파악하는

데 힘을 쓰게 되지요.

책 내용 자체에 집중하도록 만들려면 부모의 질문보다는 전체 내용을 그대로 기억하라고 하는 게 효과적입니다. 심지어 모르는 낱말이 있으면 모르는 채로, 순서에 맞게 기억하라고 요구합니다.

그런데 아이들이 책 내용을 기억하는지 어떻게 알 수 있을까요? 책을 다 읽은 뒤 전체 기억을 소리 내서 말하도록 시킵니다. 아이들도 말로 이야기할 때만 내가 얼마나 기억하고 있는지 스스로 평가하고 인정합니다. 우리 독서 수업에서도 내용 대부분을 안다고 주장하는 아이들이 있습니다. 그러나 줄거리를 있는 그대로 발표하라고 시키면 책을 열심히 안 읽었다고 하거나 책 내용이 어렵다고 하면서 한발 뒤로 물러납니다. 좀 더 쉬운 다른 책을 발표하겠다고 말하기도 하지요. 참, 발표를 들을 때도 주의할 점이 있습니다. 내가 평가하고 있다는 느낌을 주면 저항하는 아이들이 꽤 많죠.

제일 좋은 방법은 그림책을 같이 읽고 부모와 함께 발표합니다. 대체로 부모들은 독해력은 높지만 기억력은 떨어집니다. 반면 아이는 그림책을 집중해서 읽었다면 많은 내용을 정확하게 순서대로 기억하죠. 종종 아이보다 기억력이 떨어진다는 사실을 인정하기 꺼리는 부모들이 '같이 발표하기' 방법을 기피하는 경향이 있습니다.

비슷한 수준의 친구들과 같이 발표하는 것은 경쟁심을 불러일으켜 흥미를 유발할 수 있습니다. 물론 이때도 어떤 내용이 틀렸는지, 빠졌는지 평가해서는 안 되며, 무엇보다 아이들끼리 비교하는 것도 금지

해야 합니다. 스스로 확인하고 인정하게끔 해야 다음에도 계속 스스로 기억해서 발표하려고 할 것입니다.

장거리 여행을 할 때 차 안에서 발표를 시키는 것은 좋은 시도입니다. 집이 아닌 곳에서, 그리고 수업과 다른 환경에서 줄거리를 발표하는 것은 테스트를 받고 있다는 느낌을 덜어줍니다. 물론 아이가 가능한 수준의 책으로 시작해야 하고, 아이가 자신이 없다면 다시 읽거나 듣는 기회를 줘야겠지요. 형제자매가 있다면 기억한 내용을 바탕으로 놀이를 하는 경우도 있습니다. 싫다는 걸 일부러 시킬 필요는 없습니다만, 아이들끼리 표현하며 즐길 수 있다면 금상첨화가 따로 없죠(이 시기는 기억력이 중심이지 표현은 부수적인 것입니다. 아이가 더 많이 기억하고 있다는 것보다 책 전체를 있는 그대로 기억하려고 애를 쓰고, 그러기 위해서 집중해서 책을 읽고, 또 여러 번 반복해서 읽는 습관을 들이는 것이 더 중요합니다.).

그럼, 쓰기 과제는 어떻게 할까?

'쓰기' 이전에 '읽기'를 점검하고 기억을 연습한다고 해도 저학년 때부터 생기는 쓰기 숙제를 피할 수 없습니다. 어떻게 쓰기를 가르쳐야 할지 난감하죠. 특히 독서록 숙제는 아이와 부모 모두에게 상당한 부담을 줍니다. 부모 생각에는 조금만 노력하면 쉽게 쓸 것 같은데 아이들은 무척 힘들어합니다. 한때 그림일기를 잘 쓰고, 또 책을 만들어본 경험이 있는 아이들도 독서록 형태로 글을 쓰는 것을 싫어합니다.

그래서 좀 더 재미있게 가르치는 양식이 없나 찾아보지요. 책이나 인터넷을 살펴보면 다양한 형식을 많이 소개하고 있습니다. 줄거리를 쓰고 생각과 느낌을 여러 형태로 쓰고, 낱말 카드나 퀴즈, 스무고개 문제를 만들고, 인물에 편지를 쓰고, 작가가 되어 내용을 바꾸고, 등장인물이나 재미있는 장면을 그리는 등 다양한 방식을 찾을 수 있습니다. 그러나 그림의 떡입니다. 설명도 하고, 흥미를 끌 수 있도록 말도 많이 시키고, 유인책을 주기도 합니다. 아이들이 귀찮아하는 것은 마찬가지입니다.

재미있는 장면을 그리거나 주인공 또는 작가에게 편지 쓰기 같은 몇몇 양식은 잘 쓰기도 하지만, 대개는 늘 성의 없이 쓰고 그 내용도 비슷합니다. 책을 대충 읽어서 그런가 싶다가도, 쓰기를 가르쳐야 하나 아니면 읽기에 중점을 두는 것으로 만족해야 하나 고민스럽기도 하고, 그러면서 불안감이 스멀스멀 올라오죠.

그런데 독서록 쓰기의 진짜 문제는 오히려 그 양식에 있습니다. 양식이 정해져 있으면 쓰기 편할 것 같지만 아닙니다. 오히려 그 양식이 아이들의 느낌을 제한합니다. 형식 자체가 어떤 정답을 갖고 있다고 생각하기 때문입니다. 아이들이 책을 읽고 어떤 느낌을 받았다고 해도 이를 자기 마음대로 표현하기는 상당히 힘든데, 더욱이 이를 특정한 형식에 맞춰 표현하라 요구받으면 쓰기는 먼 나라 이야기가 되죠.

또 너무 다양한 양식은 아이들을 헷갈리게 만듭니다. 재미있는 장면을 글로 쓰라고 할 때와 그림으로 그리라고 할 때 다른 장면을 선택합니다. 마찬가지로 독자로서 감상을 쓰라고 하고, 등장인물에 편지를 쓰라고 하면 아이들은 같은 내용을 형식만 바꿔서 쓰는 것이 아니라 내용 자체를 다르게 쓰는 경우가 많습니다. 형식 때문에 혼란스러운 것이죠.

원래 다양한 양식을 가르치는 이유는 아이들이 감동하고 쓸거리가 있다면 여기에 맞는 형식을 찾아 쓰도록 훈련시키기 위해서입니다. 그런데 아이들이 자기한테 익숙한 양식만 반복해서 쓰기 때문에 교사들은 숙제를 내주면서 어떤 양식을 지정하거나 골고루 쓰라고 요구합니다. 그래서 아이들이 가끔 색다른 느낌을 받아도 그 느낌에 맞는 양식을 찾기보다는 특정 양식에 맞춰 억지로 쓸거리를 찾아서 쓰게 됩니다. 원래 의도와 달라집니다. 형식이 다양할수록 느낌도 다채로워지길 기대하는데 오히려 형식에 맞추느라 그나마 깊게 감상할 여유가 사라지죠.

아이들의 이런 반응은 일기 숙제를 할 때 많이 목격되죠. 일기는 매일 쓰기 때문에 다양한 형식을 지정해서, 또는 여러 형식 중 하나를 고르도록 합니다. 형식이 다양한데도 쓴 내용이나 느낌은 거기서 거기입니다. '재밌었다, 놀았다, 먹었다' 등등. 저학년 때 생동감 넘치게 일기를 쓰던 소수의 아이조차도 학년이 올라가면서 천편일률적인 일기를 씁니다. 물론 독서록은 일기와 다르죠. 아이가 직접 겪지 못한 낯선 경험에 관한 것이라 쓸거리가 많으리라 기대합니다. 그러나 독서 경험은 본질적으로 간접경험이어서 그런지 일기만큼 강력한 동인을 만들지는 않는 것 같습니다.

그렇다면 어떻게 할까요? 아무리 힘들어도 피할 수 없는 학교 과제입니다. 이런 방법을 추천합니다. 책 한 권의 느낌을 쓰기보다 특정 사건, 대체로 마지막 인상 깊은 장면이나 대사를 옮기면서 이것에 대한 자기 생각을 쓰라고 합니다. 내용이 구체적이고 범위가 좁을수록 자기 느낌을 표현할 가능성이 커집니다.

아이가 좀 더 적극적이라면 열린 결론으로 끝내거나 결론에 의문을 품는 것도 권해봅니다. 이를테면 '앞으로 거짓말을 하지 말아야 한다는 것을 깨달았다.'라고 쓸 때, '그런데 난 이 책을 읽기 전에는 이것을 몰랐나? 알았는데 왜 다시 깨달았을까?' 하고 생각할 수 있고, 또는 '정말 100% 지킬 수 있을까?' 하고 되물을 수 있습니다. 아니면 '왜 거짓말을 할까? 나중에 후회할 텐데.' 하면서 거짓말을 하는 까닭을 한 번 더 생각해 보도록 유도할 수 있습니다.

독서능력을 기르는 일은 '중요한 일'입니다. 그러나 대개의 아이들에게는 시급히 해결해야 할 '급한 일'이 있죠. 이 때문에 자주 독서능력은 우선순위에서 밀리게 됩니다. 그러나 사람들이 누누이 강조하는 것처럼 급한 일이 아니라 중요한 일에 더 많은 시간을 쏟을 때 장기적인 발전을 기대할 수 있습니다. 학습 과제, 물론 중요합니다만, 장기적인 목표인 기억력을 잊지 말아야 합니다.

3장

사고력을 기를 나이

초등 고학년(4~5학년)

학년이 올라갈수록 책을 적게 읽는 것이 당연한가?

초등 고학년이 되면 아이들의 독서량은 줄어듭니다. 읽는 시간도 줄어들 뿐 아니라 집중력도 떨어지죠. 옆에서 보면 별생각 없이 책을 읽는 것 같습니다. 불과 한두 해 전만 해도 엄마에게 재미있다고 읽어보라고 권하거나 줄거리를 재잘재잘 떠들었는데, 어느 때부터인지 시큰둥한 표정을 짓습니다. 독서 후 감정 표현에도 인색해지죠.

"어떠니, 재미없어?"

"아니, 재미있어."

"근데, 왜?"

"내가 뭘?"

그러고 보면 책을 읽다 말고 주변에 참견하는 경우가 훨씬 많아졌습니다. 저학년 때에는 한 자리에 앉아 책을 쌓아 놓고 쭉 읽었던 것 같은데 지금은 책에 온전히 집중하지 못합니다. 정신이 산만해진 것인지 '무슨 내용이냐? 주인공 이름이 뭐냐?'고 물어도 '몰라.' 하면서 귀찮아합니다. 독서를 제대로 마무리하지 않은 것 같은데 다 읽었다고 합니다. 이제는 확인하는 것도 거부합니다.

할 일이 늘긴 했죠. 그러나 중학생 시절을 생각하면 지금 많이 읽어둬야 하는데 벌써부터 책을 피하는 것은 아닌지 걱정이 앞섭니다. 아이의 하루를 보면 여전히 자투리 시간이 많습니다. 그렇게 빈둥거리는 시간이 하루에 2시간이 될 때도 있다고 대답한 아이가 있었지요. 예전에는 뭐라도 하면서 놀거나 그것도 아니면 책을 펼쳤는데 이제는 틈만 나면 스마트폰을 손에 쥐고 삽니다. 이를 통제하면 그냥 아무것도 안 하고 빈둥거립니다. 아이는 '생각 중'이라고 하는데 믿을 수도 없죠.

누구는 디지털 매체 때문에 책을 회피한다고 하는데 그럼 게임이나 스마트폰을 더 강하게 통제해야 할까요? 학습만화는 집중해서 보는 것 같은데 그거라도 많이 권해야 할까요? 잔소리해 봐야 입만 아프니까 독서 지도를 받게 할까요? 그것도 안 되면 자기가 좋아하는 예체능을 택하고 그 대신 책 읽기의 비중을 줄일까요? 뭔가 방향을 정하고, 결정해야 합니다.

공부할 과목이 많아졌다고 해서 책 읽기를 포기해야 할까요? 책 읽기를 통해 학습능력이 올라가지 않으면 공부하는 것이 힘들어질 텐데 책 읽기 자체가 부담스럽다면 포기하는 게 나을까 고민이 꼬리를 뭅니다.

초등 고학년, 부모님의 한숨이 시작됩니다.

책을 읽어도 사고력이 유연해지지 않는다

초등 고학년 자녀의 성적이나 생활을 관리하고, 컴퓨터나 스마트폰을 통제하면서 동시에 책 읽기를 시키는 일은 참 만만치 않습니다. 집에서 책을 읽으라고 잔소리를 하다가 지쳐서, 그나마 아이가 저항하지 않으면 독서 지도에 맡기곤 합니다. 운 좋게 믿을 만한 교사를 만나면 한시름 놓습니다. 책을 읽히려고 동분서주하며 방법을 찾거나 어떤 책을 읽혀야 좋은지 여기저기 알아본다거나 책을 읽고 무슨 활동을 하는 것이 좋은지, 또 책을 읽고 생각을 쑥쑥 키우려면 어떻게 해야 하는지…… 더 이상 고민할 필요가 없어지죠.

그렇지만 사교육에 맡기는 순간, 독서는 부모가 신경 써야 할 또 하나의 '학습 과목'으로 전락합니다. 공부 시간을 확보해줘야 하고, 집중해서 읽는지 확인해야 하고, 숙제가 겹칠 때 시간을 조정해야 하고, 아이에게 맞는 교사를 찾아줘야 합니다. 성적을 따지는 과목이 아니기 때문에 여유가 있기는 하지만 이것도 부모가 욕심을 부려 대회에 나가 상을 받거나 국어 성적이 향상돼야 한다고 여기면 영어나 수학 못지않은 스트레스가 되죠.

그런데 독서 지도를 받건 안 받건, 독서량이 많건 적건, 요즘 부모들이 입을 모아 하는 말이 있습니다. 아이들이 '아무 생각 없이' 책을 읽는다는 얘기죠. 정말일까, 자세히 들여다보면 생각이 없는 건 아닙니다. 낯선 생각을 받아들이기보다 기존 생각을 더 강화하죠. 책을 통해 새로운 생각을 흡수하기는커녕 오히려 편견을 합리화시키는 수단으로 활용한다는 얘기입니다.

한번은 〈시간의 선물〉(아오키 가즈오)을 5분 정도 읽어주고 5~10줄 정도 글을 쓰게 했습니다. 5분 정도의 분량이란 사건이 전개되기 전 배경에 해당하는 부분을 들려주었다는 얘기입니다. 이 책에는 이런 내용이 나옵니다.

'학교 앞 문구점에서 문구를 훔치다가 친구에게 걸립니다. 익명으로 문구점에 사과 편지를 보냅니다. 교감 선생님이 이 사실을 알고 범인을 찾으려고 합니다.'

책 내용을 여기까지 듣고 한 아이는 교감에 대해 평을 썼습니다. 소설의 배경만 들었을 뿐인데도 그의 성격을 단정 짓고, 심지어는 교육

제도의 문제점까지 들먹입니다.

교과서에서 가르치는 방식도 비슷합니다. 초등학교 때 〈우리들의 일그러진 영웅〉의 앞부분을 제시하고 엄석대의 성격을 찾으라고 합니다. 책 전체가 아니라 앞부분의 내용만 제시하고 질문을 던지는 이유는 뭘까요? 여기에는 이런 고정 관념이 있습니다. '인물의 성격이란 여러 사건을 거치면서 형성되는 게 아니다. 성격은 고정되어 있으며, 처음부터 끝까지 동일하다.' 그래서 초등학생 때의 성격은 어른이 되어 일어난 행위의 원인으로 간주합니다. 교사의 이런 입장을 따르다 보니 아이들도 앞부분만 읽고 성격뿐 아니라 내용까지 결론짓는 경향이 있습니다. 그러나 이야기를 따라가다 보면 그 이야기만이 가지고 있는 고유한 사상과 만나게 됩니다(물론 뻔한 이야기가 아니라는 전제 아래). 그런데 이미 아이들은 자신이 '알고 있는 내용'에서 한 걸음도 벗어나지 않고, '이 이야기의 인물은 이런 사람이야!' 하고 단정 지으며 자신의 생각을 공고히 합니다. 책을 자기 생각을 강화하는 쪽으로 읽는 셈이죠. 그래서 린드그렌이 쓴 〈삐삐 롱스타킹〉이나 게리 폴슨이 쓴 〈해리스와 나〉를 읽고 주인공을 부정적으로 씁니다. '삐삐는 예의가 없다.'라거나 '최악의 상황에서도 장난치는 해리스는 인간도 아니다.'라고 평가합니다.

제 짐작에, 요즘 아이들에게는 어른들이 자유분방하다며 긍정적으로 평가하는 삐삐나 해리스의 모습이 낯설고 부담스럽게 여겨지나 봅니다. 아니면 이런 모험을 긍정적으로 표현할 언어를 잃어버렸다든

가. 그래서인지 모험 소설을 읽고 안전을 이유로 주인공을 질책합니다. '왜 어른이나 경찰에 도움을 청하지 않았냐?'고. 잘못된 통념을 깨기는커녕 그 통념에 갇혀 주인공의 행동을 비판합니다(그 통념이 어디에서 왔는지, 왜 어른인 제 앞에서 그 통념을 꺼냈는지 우리는 생각해 볼 필요가 있습니다. 누군가 이렇게 만드는 데 분명 영향을 끼쳤다고 추론해 볼 수 있죠.).

많은 아이가 경험의 한계에 갇혀 있습니다. 다른 가치나 문화를 배경으로 하는 동화를 낯선 눈으로, 호기심이 어린 시각으로 접근하지 못합니다. 의문을 품고 읽지 않습니다. 그보다는 지금 여기, 우리에게 익숙한 가치를 기준으로 낯선 가치나 문화를 재단하죠. 어쩌면 아이들은 글자를 배울 때부터 이야기의 전체 맥락을 바탕으로 세부를 이해하지 않고 자기 경험을 근거로 해석하는 버릇이 들었을 것입니다.

그래서 책을 많이 읽은 아이 중에는 오히려 교과서나 대중매체에서 홍보하는 주장을 더 강하게 표현하는 아이도 많습니다. 그리고 소수의 의견이나 낯선 입장을 우리 주변의 사례를 근거로 들어 비판합니다. 이렇게 근거를 들어 잘못된 통념을 합리화하는 능력을 사고력이라고 생각하는 것 같습니다. 저는 이와 반대로 통념을 거부하고, 판단을 보류하는 능력을 사고력이라고 주장하는데 말입니다.

자신의 스키마를 활용하지 않아 사고력은 더욱 떨어진다

예전에는 PC 게임에 대한 문제점으로 주로 폭력성과 노골적인 성적 노출 등을 꼽았습니다. 학부모들은 아이들이 게임에 소비하는 시간을 아깝게 생각하거나, 피시방에 다니면서 '나쁜' 아이들과 어울릴까 걱정했죠.

최근엔 온라인이나 PC 게임 등 영상매체에 많은 시간을 보내는 아이들이 집중력에 문제가 있다는 데 시선이 모이고 있습니다. 어릴 때부터 영상매체에 많이 노출된 아이들이 책을 읽을 때 집중력이 크게 낮은 경우가 많습니다. 특히 지하철이나 식당에서 산만한 아이들을 조용히 시키려고 스마트폰을 쥐여 주는 모습을 자주 보는데 그런 경험이 나중에 아이들을 더 산만하게 만들지나 않을까 걱정됩니다.

더 큰 문제는 사고력의 상실입니다. 우리는 일상에서 다양한 경험을 겪습니다. 예전 아이들은 책과 자기 경험을 연결하며 사고력을 키웠습니다. 하지만 요즘 아이들은 현실보다 강렬한 영상의 영향으로 자기 경험을 시시하게 간주하고, 책을 읽어도 경험과 연결하려 들지 않습니다. 그 사이 추론하고 생각하는 능력이 약해지고, 즉각 이해하려는 쪽으로, 다시 말해 뇌를 잘 쓰지 않는 쪽으로 습관을 들였죠. 영상 디지털 매체의 내용은 생각하지 않아도 이해할 수 있기 때문이지요.

낯선 지식을 받아들이는 방식은 아이들에 따라 크게 다릅니다. 먼저 낯선 것을 '미지의 것'으로 인정하고 조금씩 접근하려는 태도입니다. 이 아이들은 의문을 자주 갖는다거나 그 답을 천천히 찾는다거나 설명하려고 할 때 잠깐 기다리라고 한다거나 답을 듣고도 만족해하지 않는다거나 답보다는 의문을 분명히 하는 것을 더 좋아한다거나 등등 다양한 심리적 태도를 보입니다. 반대로 낯선 것을 불편하게 여기거나 거부하는 아이들도 있습니다. 의문이 없고, 의문에 답이 없으면 불편해하고, 설명이 끝나기도 전에 알았다는 반응을 보이고, 읽으면서 이해되지 않으면 짜증을 냅니다. 생각하길 싫어하죠.

이런 차이가 지식을 확장, 심화시키는 아이와, 제자리걸음을 하는 아이, 심지어 고정관념을 강화시키는 아이를 가른다고 볼 수 있죠. 이때 생각을 통해서 답에 접근하려는 아이들은 자신이 사전에 알고 있던 지식이나 경험을 새로 접한 낯선 정보와 연결시키려고 시도하는데 이 시도 과정, 즉 기존 지식과 낯선 지식의 결합 과정이 곧 사고력의 한 축을 이룹니다. '익숙한 지식'에 토대를 두고 '낯선 지식'을 받아들이는 것, 이를 스키마라고 부르죠.

스키마는 물건처럼 차곡차곡 쌓이는 것이 아닙니다. 처음 기억된 내용은 이전에 저장된 내용과 여러 방식으로 연결되고, 또 새로 공부할 내용과 연결할 고리를 만들고, 또 낯선 경험과 지식을 흡수하면서 다양하게 재해석하고 재구성합니다. 그러면서 지식이 체계적인 성격을 띠고 자신만의 관점이 형성되면서 나름대로 정체성을 형성하게 됩니다. 전자의 아이들이 이런 방향으로 나아갈 것입니다.

이에 반해 후자의 아이들은 학년이 올라가면서, 부모의 통제가 약해짐에 따라 인터넷 지식을 선호하게 됩니다. 모르는 내용을 쉽고 빠르게 검색할 수 있습니다. 그런데 그 '쉽고 빠르게'가 종종 문제를 일으키죠. '쉽고 빠르게'에만 의존하는 사이 자신의 장기기억(배경지식, 혹 흔히 말하는 '스키마')을 활용하지 않습니다. 대신 외부의 권위 있다고 믿는 설명이나 다수가 참고하는 자료를 거름망 없이 받아들입니다. 이런 태도가 습관이 되면 첫째 장기기억에 대한 필요성을 느끼지 못하게 되고, 생각을 할 필요가 없다고 여기게 되죠.

사고력은 새로운 지식을 이해할 때 필요하지만 이를 정리하고 통합할 때에도 필요합니다. 지식을 정리하고 통합할 때는 새로운 정보가 들어오는 것을 의식적으로 차단하거나 잠시 중단해야 합니다. 렘(REM, Rapid Eye Movement) 수면 시간 동안 낮에 받은 정보를 정리하고 재구성하는 것처럼, 낮에도 새로운 정보에 노출되지 않는 시간에 낯선 정보를 재정리합니다. 수준 높은 학습자는 책을 펼쳐놓고 공부하는 것만큼 책을 덮고도 공부할 줄 압니다. 스마트폰은 바로 낯선 지식을 과거 지식과 결합시켜 정리하고 재구성할 기회를 뺏는다는 점에서 아이들에게 치명적인 부작용을 일으킵니다. 쉽게 말해 몸은 오늘에 살고 있지만 생각은 어제에 머물게 되는 것이죠. 이것을 '정체' 혹은 '퇴보'라고 부릅니다.

'사고한다'라는 것은 내 머리에 입력되어 있으나 평소에는 잠들어 있는 지식들을 일깨워 새롭게 접한 정보나 지식과 결합시킨다는 얘기입니다. 즉 적극적으로 스키마 활동을 하는 것이죠. 우리가 낯선 내용을 받아들일 때 설사 권위자가 진지한 표정으로 꺼낸 말이라도 그대로 받아들이는 것이 아니라 이미 형성된 자신의 배경지식을 통해 이해하고 받아들입니다. 기존의 스키마를 활용해 수많은 지식과 정보들이 어떻게 연결되는지, 체계적으로 구성할 때 빈틈은 없는지, 경험과 모순되지는 않는지 등을 점검하는 것이죠. 하지만 이렇게 재조직화하지 않는다면, 즉 낯선 것을 만나도 강 너머 불구경하듯이 넘어가면 기존 지식 체계에는 별다른 변화가 생기지 않습니다.

디지털·영상매체의 사용을 제한하는 데 한계가 있는 시대가 되었습니다. 하지만 이 때문에 아이들의 집중력과 사고력을 방치해야 할까요?

사고력을 높이려면 부모의 발문이 아니라 아이의 의문에서 시작해야 한다

사고력 발달에는 '의문'이 열쇠라고 말하는 사람 중 다수는 부모의 발문으로 시작해야 한다고 말합니다. 부모가 책의 내용을 파악해 이와 관련된 의문을 던져야 아이가 책의 주제를 이해할 수 있다고 보기 때문입니다. 그래서 중요 낱말부터 배경이나 사건의 원인 등을 물어봅니다. 교과서 설명이 대체로 의문 형태로 시작하기 때문에 아이들은 이런 방법에 익숙합니다.

토론도 대체로 어른들이 고른 쟁점으로 시작합니다. 특히 아이들의 사고 활동을 유발하기 위해 던지는 문제 제기는 단순히 가르치기 위한 의문과 다르다고 주장합니다. 그래서 누구는 확산적 발문을 통해 아이들의 다양한 생각을 끌어내고, 이어 수렴적 발문으로 불완전한 생각을 제거하는 과정을 거쳐 대립하는 두 가지 의견으로 수렴한 다음, 토론을 거쳐 결론(정답 또는 해답)을 찾으려고 합니다.

또 어떤 사람은 '생각의 불꽃을 피우는 질문'이 중요하다고 하면서 이런 예시를 들었습니다.

"꽃들도 행복을 느낄 수 있을까?"

"사람은 항상 진실만 이야기해야 할까?"

"사과나무에는 왜 사과가 열릴까?"

"세상에서 가장 무거운 것은 무엇이고 가장 가벼운 것은 무엇인가?"

이런 발문에 아이들은 열심히 참여합니다. 주입식 교육보다 훨씬 재미있으니까요. 하지만 수동적으로 대응합니다. 정답만 찾으려고 하거나 어른들의 결론을 흉내 내려고 합니다. 모범생이 아니라면 '생각하기 싫다'라거나, '모르겠다'라고 짧게 대답합니다. 그러면 부모들은 발문에 문제가 있지 않을까 걱정하고, 어떻게 하면 아이들의 적극적 참여를 이끌어낼까 고민합니다.

하지만 문제는 '적절한' 발문이 아니라 '발문' 자체가 아닐까요? 초등 고학년 아이들을 대상으로 질문을 만들려면 이 아이들의 관심사를 알아야 합니다. 그런데 어떤가요? 지금처럼 어른과 아이들 간의 세대 격차가 크게 벌어진 시대에, 아이들의 생각 속으로 들어가기가 쉽던가요?

더구나 자녀에게 부모는 권위를 가진 사람입니다. 그런 권위자가 의문을 던지고 대답을 들으면서 표정이 조금이라도 변한다면, 자녀는 곧 평가받고 있다는 느낌을 받습니다. 정답이 없는 의문이라도 대답 또는 태도에 의해 지적받을 소지가 있습니다. 그래서 처음부터 '싫어.' 하고 저항할 가능성이 큽니다. 결국 힘들게 준비한 부모의 발문은 아이의 사고력을 키우기보다 아이들이 생각을 회피하거나 어른들이 원하는 답을 흉내 내는 결과를 낳는 경우가 많습니다.

이런 활동을 반복하면 아이는 책을 읽을 때 발문을 예상하지 못하면 아무 생각 없이, 예상한 경우에는 그것에 초점을 두게 됩니다. 책을 쓴 저자보다 질문하고 평가하는 사람이 더 중요하니까요.

반대로 자녀들이 직접 의심하게 해보세요. 당연히 부모의 발문보다 엉성하겠지만 답을 찾기 위해 생각하는 과정이나 고민하는 태도는 훨씬 바람직할 것입니다. 부모가 만든 발문은 아이의 삶과 관련 없는 경우가 많습니다. 반면에 아이가 생각한 의문은 책의 핵심과 연관성이 적을 수 있지만 자신의 관심과 밀접히 관련되어 있습니다.

또 이렇게 스스로 의문을 표현할 기회를 준다면 아이들의 책 읽는 태도가 달라집니다. 아이가 직접 의심하게 하면, 책을 자신의 경험에 비추어보며 낯선 부분에 주목하면서 저자가 왜 이렇게 썼는지 궁금해하며 책을 읽게 됩니다.

그렇다고 부모가 할 일이 없는 것은 아닙니다. 아이가 툭 던진 의문에서 왜 그것이 궁금한지 자기 생각을 끄집어내도록 돕고, 또 가능하면 책에서 근거를 찾아 답을 생각해 보라고 이끌어주고, 또 그 답에 다시 의문을 가지라고 요구할 수 있습니다. 물론 이런 의문-답 과정이 쉬운 것은 아닙니다. 하지만 아이의 관심에서 시작하는 것이고, 또 아이의 생각을 평가하는 것도 아니기 때문에 아이는 적극적으로 고민할 가능성이 큽니다. 이런 과정을 통해 사고력이 높아지는 것입니다.

사고력은 주제 파악이 아니라 사고 전개 능력이다

흔히 독후감을 쓸 때 자신의 경험과 비교해서 독해하라고 요구합니다. 독후감 대회 수상작들을 보면 대부분 자신의 경험을 예로 들어 쓰고 있습니다. 이를테면 하이타니 겐지로가 쓴 〈태양의 아이〉는 오키나와 전쟁의 후유증을 앓고 있는 아버지를 이해하려는 후짱의 이야기를 담고 있습니다. 이 책을 읽고 독후감을 쓴 어느 아이는 자신의 어머니가 앓고 있는 아픔을 새롭게 이해합니다. 이처럼 책을 제대로 이해하고 깊게 생각한다면 자신의 삶을 반성하는 모양을 취할 것입니다. 따라서 자신의 경험과 비교하면서 독해한 글을 창의적이라고 평가하게 됩니다.

그리고 이런 방식을 초등학생들에게도 요구합니다. 즉 책에서 교훈을 끌어내거나 자신의 경험과 비교하거나 자기 삶을 반성하라고 말입니다. 그래서 많은 아이가 '나라면 그렇게 하지 않겠다.'라거나 '등장인물이 어리석다.'라는 식으로 결론을 내립니다. 또는 '거짓말하는 것이 나쁘다는 것을 깨달았다.'라거나 '사람들은 서로 배려해야 한다.' 같은 반박할 수 없는 가치를 언급하며 생각을 정리합니다. 마치 낱말을 배울 때 언어를 구사하는 능력을 보고 '우리 아이가 영재 아닐까?' 잠시 즐거운 환상에 빠지는 것처럼, '어린 나이에 보편적인 가치를 표현하다니, 생각이 깊잖아?' 착각을 불러일으킵니다.

하지만 저는 다르게 생각합니다. 이것은 집이나 학교에서, 혹은 교과서나 대중매체에서 끊임없이 강조한 가치들입니다. 아이들은 이를 반복적으로 듣고 부모를 통해 그렇게 생각하기를 요구받은 것이지요. 부모가 선호하는 견해가 있으면 아이들은 놀랍게도 그 입장을 흉내 내고, 속담 등 사회의 통념을 자기 생각인 양 쓰면서 어른들의 권위를 빌리거나 가짜 성숙의 가면을 씁니다. 이렇게 표현하는 글은 표면적인 사건이나 사건의 결과에만 주목하는 경우가 많습니다.

책을 깊게 읽으면 오히려 자신의 경험과 비교하거나 보편적인 주제를 언급하기가 어렵습니다. 동화에 나오는 구체적인 맥락을 고려하며 주인공이 왜 그랬는지 생각하려면, 사건이 전개되는 과정이나 인물의 내면에도 관심을 기울여야 하기 때문입니다. 또 읽으면서 수많은 의문이 생기는데 제대로 읽어도 자신의 기존 지식으로 대답할 수 없는 것들을 무시하지 않았다면 그렇게 쉽게 '깨달았다.'라는 표현을 쓸 수 없을 것입니다.

스위스 심리학자 장 피아제에 따르면 추상적인 사고는 12세부터 발달한다고 합니다. 책 내용과 자신의 경험을 비교하거나 책을 읽고 보편적인 주제로 통합하기 위해서는 추상적인 사고가 발달해야 합니다. 예를 들어 생쥐들 세계에서 왕따를 다룬 〈외톨이 매그너스〉(에롤 브룸)와 사람의 왕따를 다룬 〈그러니까 당신도 살아〉(오히라 미쓰요)를 비교하려면 생쥐와 사람의 차이가 아니라 둘 다 왕따라는 점에서 동일한 입장이라고 생각할 수 있어야 합니다. 만일 생쥐와 사람을 비교할 수 없다고 생각하면 이 두 이야기를 비교할 수 없습니다. 마찬가지로 이야기 속의 왕따와 자신이 겪은 현실 속의 왕따도 어떤 아이들에게는 추상화의 대상이 되지만 어떤 아이에게는 그렇지 못하다는 거죠. 설령 책을 읽고 의문을 던질 수는 있어도 이를 비교하고 결론을 내리는 것은 매우 어려운 일입니다.

그러므로 책을 읽고 종합적인 결론을 내리는 것보다는 구체적인 내용에 대해 의심하는 것이 이 나이의 아이에게 적합합니다. 의문이 있다고 할 때 부모가 속으로 '책을 제대로 안 읽어서, 또는 내용 파악을 못 해서 그런 것 아니야?' 하고 의심한다면 아이들은 의문을 표현하지 않거나 읽으면서 생긴 의문을 버립니다. 이보다는 그런 의문을 표현하고, 그 의문에 답을 생각해 보고, 다시 그 답을 의심하는 형태로 사고를 전개하도록 유도하는 것이 좋습니다. 아이들에게 사고력은 독특한, 독창적인 주장이 아니라 사고 연습, 사고 전개 능력입니다.

따라서 아무리 쉬운 동화라고 해도 아이들 입에서 이해했다는 표현보다는 모르겠다는 표현이 많이 나와야 정상입니다. 예를 들어 크리스티네 뇌스틀링거가 쓴 70쪽 정도의 〈프란츠〉 시리즈는 초등 저학년도 쉽고 재미있게 읽을 수 있습니다. 그렇지만 프란츠와 여자 친구 가비의 우정을 '감' 잡는다고 해도, 가비의 말투나 감정의 변화를 이해하는 남자아이들은 드뭅니다.

결론이나 주제를 요구하지 않는다면 아이들은 자기 수준에서 책을 읽습니다. 그리고 자기 경험에 비추어 이해되지 않는 내용에 대해 수많은 의심을 품습니다. 이때 어떤 결론을 빨리 도출하는 것보다 그 의문을 시작으로 생각을 길게 전개할 수 있도록 유도하는 것이 좋습니다. 책을 제대로 읽었다면 자신의 의문에 대한 답으로 책 속에서 적절한 근거를 찾을 것입니다. 이런 방식은 독자와 저자의 대화, 즉 토론 형태가 됩니다. 독자가 의심하고 저자가 답을 하고, 다시 독자가 그 답을 의심합니다. 이렇게 사고를 전개하는 연습이 필요합니다.

4
장

독해력을 갖출 나이

초등 6학년~중등 2학년

대충 읽는 것 같은데 책 읽히기를 포기할까?

초등 독서광이었던 아이들도 중학생이 되면 대충 읽습니다. 무척 빨리 읽고, 또 건너뛰면서 읽고, 뒷부분의 내용만 빠르게 확인하고 다 읽었다고 합니다. 어쩌다 물어보기라도 하면 줄거리만 대충 파악할 뿐 핵심은 모르는 눈치이고, 내용도 거의 기억하지 못 합니다. 마지막까지 정독하는 책이 별로 없는 것 같고, 판타지나 만화 등 꼭 읽지 않아도 되는 책만 옆구리에 끼고 있습니다. 아이들의 시선을 잡아끄는 유튜브 등의 매체들이 책을 대체하려는 것도 좋지 않은 징후지요.

'다 너의 장래를 위한 일이다.'라고 타이르며 책 읽기의 장점을 나열해 봤자 아이들한테는 잔소리로 들립니다. 아이들은 스마트폰에 빠져 있고, 스트레스를 해소하려면 게임을 해야 한다고 주장합니다. 막을 도리가 없으니 편법을 씁니다. 만족할 만한 성적을 거두면 게임이나 스마트폰을 얼마간 쓰게 해주겠다고 약속하죠. 이미 이 지경에 이르면 책은 끼어들 틈이 없습니다. 그래도 책 읽기를 요구해야 할까요?

간혹 책을 좋아하는 아이들도 있습니다. 재미있다고 합니다. 과제가 있는데도 책부터 읽겠다고 하니까요. 그런데 줄거리는 말할 것도 없고, 주인공 이름, 심지어 책 제목을 기억하지 못하는 경우가 흔합니다. 이럴 때는 어떻게 해야 할까요? 책을 제대로 독해하지 못한 것으로 보이는 이 아이에게도 책 읽기를 권하지 말아야 할까요? 아니면 그래도 책을 제대로 읽게끔 강제해야 하나요?

일단 기억력이 떨어지는 것은 당연합니다. 기억력은 기억할 게 많아질수록 약해지는 게 일반적인데 중학생도 그런 점에서 예외는 아니죠. 반면 초등학생보다 경험을 많이 쌓았기 때문에 몇 가지 의문이 생길 수 있고, 독해하다가 자신의 경험이나 예전에 읽은 책과 비교할 수 있는 능력도 갖게 되죠. 그러나 실제로는 어떤가요? 그런 낌새가 전혀 없습니다. 학습 부담 때문인지 아니면 독서능력이 떨어져서 그런지 대체로 책을 '대충' 읽습니다.

대충 읽거나 대충 독해하는 이유는 아마도 이해하는 데 필요한 자신의 선행 지식(스키마)의 문제일 것입니다. 이야기 전체를 기억하고 사고를 전개하는 형태로 스키마가 형성되어야 책을 깊게 읽을 수 있는데 대부분의 스키마가 결론 중심으로 축적되어 있어, 결론에 도달하는 과정에 얽힌 수많은 내용을 흡수하지 못합니다. 또 의문 없이 확신으로만 구성되어 있어 글의 이면을 읽지 못하고 모순된 내용에도 고민하지 않습니다. 이런 형태의 스키마로 걸러진 지식은 다시 기존 스키마의 성격을 강화합니다. 추상적이면서 통합되지 않은, 거의 정보 수준의 지식이 뒤죽박죽 쌓여 있는 스키마. 악순환입니다.

체계적인 스키마가 없어 지식을 통합하지 못한다

스키마가 이렇게 형성된 가장 큰 이유는 독서보다 영상매체의 영향 때문으로 보입니다. 아무리 좋은 프로그램이라도 영상을 보면서는 그 내용에 대해 시청자가 생각하고 의문을 품고, 그러기 위해 잠시 쉬고 생각하는 사고 과정을 경험하지 못합니다.

두 번째 이유는 학습 부담이나 시험공부 방법 때문이라고 생각합니다. 많은 학부모가 공부 방법이 스키마에 나쁜 영향을 미쳤을 거라는 점에 대해서는 좀처럼 인정하지 않습니다. 경쟁이 치열한 현실에서 살아남으려면 스스로 계획하고 시행착오를 거치면서 공부하기에는 너무 시간적 여유가 없다고 말합니다. 초등 때부터 중고등 수학 문제를 풀고, 다양한 사고를 하지 않고 정답을 수용하고, 생각하면서 문제를 풀기보단 교사가 정리한 유형을 암기합니다. 평소 공부도 시험공부처럼 하기에 요즘 아이들의 학습능력이 떨어진 것이지요. 더구나 예전보다 친구 간 경쟁이 더 심해지고, 책상에 앉아 공부하는 시간이 선진국 아이들보다 압도적으로 많아서 학습 부담이 누적되었습니다. 그래서 학부모들은 학습 부담에 대해 안타까운 마음은 있지만 공부 방법이 잘못되었다고 인식하지 않습니다.

잘못된 공부 방법이나 학습 부담 때문에 책을 독해할 때 스스로 노력하는 것이 힘들고, 또 뭔가 열심히 하려는 에너지가 고갈된 상태라 무기력한 상태에서 스마트폰 같은 것에 중독될 수밖에 없습니다. 더구나 사춘기까지 겹쳐서 부모의 적절한 조언을 받아들이지 않고 어른의 권위에 일단 반항부터 하려고 들죠. 이런 악순환의 고리를 끊으려면 어떻게 해야 할까요?

학습은 낯선 지식을 배우는 것입니다. 모르는 내용을 알기 위해 설명을 들을 때에도 자신의 배경 지식 안에 유사한 지식이 있어야 합니다. 즉 기존에 있는 지식과 연결해야 새로운 지식을 이해할 수 있습니다. 일반적으로 이런 연결은 무의식적으로 이루어지지만 시험 볼 때처럼 지식을 정확하게 찾으려면 의식적으로 연결을 강화해야 합니다.

우리는 '암기' 형태로 시험공부를 했던 경험이 있습니다. 출제 범위의 핵심내용만 달달달 외우려고 할 뿐 다른 지식과 통합하려고 애쓰지 않습니다. 이렇게 외운 지식은 그럼, 단기기억일까요, 장기기억일까요? 학계에서는 단기기억이 지속되는 시간이 불과 몇 초 또는 몇 분이라고 말합니다. 최소 30분 이상 기억할 수 있어야 장기기억으로 간주하는데 그저 시간만 길다고 다 장기기억이 되는 건 아니고, 보다 정확히는 뇌 속의 단백질에 변화가 생겨야 하죠. 그래야 머릿속에서 사라지지 않기 때문입니다.

그런데 어째서 다음날 시험을 치고 나면 대부분 잊어버릴까요? 분명 사라지지 않는다고 하는데 말이죠. 맞습니다. 사라지지 않습니다. 단지 찾지 못하는 것이죠. 공부한 지식이 머릿속 어딘가에 있지만 어디에 있는지 몰라서 끄집어내지 못합니다. 연결되지 않아서 그런 경우도 많지만, 또 연결이 잘못되어서 그렇기도 합니다. 스키마가 체계화되어 있지 않아서 기억하고 있는 지식을 적절하게 풀어내지 못하는 것입니다.

지식의 연결은 잠을 자거나 휴식을 취할 때처럼 무의식중에 이루어집니다. 그래서 '3당4락' 같이 잠을 적게 자면 유리하다는 속설과 달리, 자신의 타고난 성향에 맞게 잠을 충분히 자거나 푹 쉴 때 학습 효과가 높다고 알려져 있지요. 자신에게 필요한 양보다 잠을 적게 자면서 공부한 학생은, 설령 공부를 아무리 많이 해도 지식이 통합되지 못한 채 여기저기 흩어지게 됩니다. 그럼 어떻게 될까요? 필요할 때 빠르게 찾지 못합니다.

상위권 아이들은 엄마한테 강의하는 형태로 공부를 점검한다고 합니다. 또 멘토처럼 친구의 공부를 도와주기도 하는데, 공부를 가르쳐주는 아이들이 손해를 보기보다 오히려 크게 이득을 얻습니다. 누군가를 가르치는 과정에서 학습한 내용이 다시 한 번 정리되기 때문이죠. 실제로 정리되지 않은 지식은 말로 설명하는 게 매우 어렵습니다.

독서를 통해 지식을 통합하는 것도 이런 식으로 하면 될까요? 그러나 책을 읽을 때마다 말로, 글로 표현하기는 쉽지 않습니다. 문제도 없고 정답도 없으니까요.

생각은 착하지만 너무 단순하게 독해한다

흔히 독해를 생각할 때 전원 스위치처럼 둘 중에 하나라고 여깁니다. 즉 독해하거나 못 하거나. 그래서 독해력이 낮은 아이에게 모범 독해를 보여주고, 이를 설명하면서 다른 글을 그런 식으로 독해하기를 요구합니다. 그런데 모범 독해가 어떤 과정을 거쳐서 나왔는지 보여주지 않습니다. 모르겠으면 반복해서 읽으라고만 하지요.

독해는 독해력이 일정 수준에 도달해야 가능합니다. 독해력은 기억력이나 사고력 등 다른 능력과 마찬가지로 전원 스위치가 아니라 색깔의 연속인 스펙트럼처럼 정도의 차이로 구분해야 맞습니다. 100% 독해는 가능하지 않습니다. 따라서 대부분 아이가 100% 독해와 0% 독해의 중간 영역에 속해 있어서 초기부터 모범 독해를 보여주면 모방할 수 없습니다. 축구에 비유하면, 동네 축구하는 아이들에게 '메시' 같은 세계적인 축구선수의 모습을 보여주면 감탄하고 감동할지는 몰라도, 어떻게 하면 그렇게 될 수 있는지 알 수 없는 것과 마찬가지입니다.

그런데도 부모들은 아이들에게 정답에 가까운 독해를 요구합니다. 그래서 아이들은 '전략'을 씁니다. 흔히 말하는 '잔머리'이지요. 대표적인 방법은 부모의 가치를 모방하는 것입니다. 독해력이 낮은 아이일수록 자기반성이나 결론을 뚜렷하게 내립니다. 그런데 그런 결론이 부모의 가치를 반영하기 때문에 아이의 진짜 생각인지, 표현만 그렇게 한 것인지 판단하기 어렵습니다.

예를 들어 〈불량한 자전거 여행〉(김남중)에서 주인공 호진이의 엄마는 호진이의 삼촌이 제대로 직장을 다니지 않고 자기가 좋아하는 자전거 장거리 여행을 운영한다고 그를 '불량하다'고 말합니다. 부모가 이혼할 거라는 얘기를 몰래 듣고 호진이(초6)는 가출해서 삼촌한테 갑니다. 그리고 자신도 힘들게 자전거 여행을 하고 깨달은 바가 있어 부모를 강제로 여행에 참여시킵니다. 이 책을 읽고 한 아이(중3)는 '왜 주인공은 삼촌의 불량 생활을 알면서 찾아간 걸까? 불량배가 되어도 삶이 행복하리라는 보장은 없는데 왜 나쁜 길을 선택한 걸까?' 하고 묻습니다.

그는 '불량'의 의미를 다시 생각하지 못합니다. '주인공이 학원 땡땡이친 것, 그리고 피시방에 간 것을 보면 불량하다.'라고 말합니다. 다소 장난처럼 쓴 것이 아닌가 하는 생각도 들지만, 이 책에 나오는 결말의 반전을 이해하지 못한 것으로 보입니다. 이런 독해는 사건들을 서로 연결하지 못하기 때문에 발생합니다. 책 전체를 통해 세부 내용을 파악하려 애쓰지 않고 내용 일부를 떼어내 자신의 경험에 비춰 해석한 것이죠.

많은 아이가 책을 읽을 때 교사나 부모의 말에 저항하는 아이들을 강하게 비난합니다. 이렇게 착한 마음, 배려심 같은 자기반성을 표현하면 어른들은 책을 제대로 읽었다고, 자신의 아이가 바른 가치를 지녔다고 판단합니다만 저는 오히려 걱정스럽습니다. '착한 아이 콤플렉스'를 가질 가능성도 커 보이지만 그 전에 독해 수준이 너무 단순해서 세상의 복잡한 이면을 읽어낼 능력이 거의 없다고 보기 때문입니다.

한 가지 더 흥미로운 점이 있습니다. 교사와 부모에 저항하는 책 속의 등장인물을 비난하던 아이들의 일상 모습은 종종 반대로 나타나곤 합니다. 이 아이들은 일상에서 교사나 부모에 복종하는 모범생의 행태를 비판합니다. 복종하는 모습을 '성숙하지 않은 것'으로 간주하고, 자신이 그런 상황에 부닥쳤을 때 복종하지 않을 이유가 있다고 주장합니다. 그런데 책에 나오는 아이들의 저항은 자기의 경험과 비교해 저항의 이유가 충분치 않다고 비판합니다. 책 속에서 사건들의 연결을 파악하지 못하고, 의미의 반전이나 행간을 읽는 힘이 없으므로 그 이유를 찾지 못하는 것인데 말입니다.

이렇게 마음은 착하지만 너무 단순한 아이들은 이해되지 않는 이야기나 풍자, 삶 속에 숨어 있는 다소 비도덕하거나 부도덕한 측면을 무시합니다. 자신의 좁은 경험에 비추어서 그렇게 판단하지요. 이런 점은 책을 천천히 읽거나 대충 읽거나 상관없이 벌어집니다.

맥락에 따라 다양하게 파악한다

흔히 독해는 주제를 파악하는 것으로 생각합니다. 그래서 아이들은 주제나 교훈을 눈치 채려고 애를 씁니다. 동화의 주제는 대체로 몇 가지로 제한되어 있으니까(이를테면 생명 존중, 약자 배려, 환경 보호, 우정의 소중함 등등) 감만 잡으면 어렵지 않습니다. 그래서 이렇게 주제를 표현하면 책을 제대로 읽었다고 간주합니다.

하지만 이런 평가는 매우 곤란합니다. 아이들이 책의 내용보다 부모의 가치를 더 염두에 두는 경우가 많거든요. 실제로 아이들이 파악한 주제를 놓고 여기에 가장 적합한 문단이나 내용을 찾아보라고 하면 엉뚱한 부분을 제시하곤 합니다. '감'으로 잡은 주제라는 증거입니다.

이제 '주제'에서 좀 벗어날 필요가 있습니다. 우리는 조금 다른 방법을 써서 독해로 접근해보겠습니다. 제일 쉬운 방법이 있습니다. 아이들에게 내용을 요약할 때 몇 단계로 나눠 쓰게 하는 것입니다. 처음에는 아이들이 편하게 쓰도록 허용합니다. 그 다음에는 전체 줄거리를 3단계(처음–중간–마지막)나 5단계(처음–중간 1, 2, 3–마지막)로 나눠서 쓰라고 하고, 대략 몇 줄 정도 쓸지 정해줍니다. 좀 더 높은 단계라면 기승전결이나 발단, 전개, 위기, 절정, 결말의 형식에 맞춰서 쓰라고 하지요.

교사들은 기승전결 같은 형식으로 쓰려면 문단이나 장별로 요약할 수 있어야 가능하다고 생각하겠지만 아이들은 '감'으로 쓰기 때문에 기승전결 형식이 쉽고, 문단별, 장별 요약을 훨씬 힘들어합니다. 그래서 전체 내용을 5단계로 나눠 쓰라고 하는데 이때 책을 보지 않고 쓰게 합니다. 쓰는 데 시간이 너무 걸리면 앞에 나온 차례만 보고 쓰게 합니다. 다 쓰고 나서 아이들에게 본문을 펼쳐 확인하고 고치라고 합니다. 스스로 고치지 않는 아이에게만 한두 가지 지적을 하고 확인하라고 하지요. 이렇게 책을 보지 않고 줄거리를 쓰려면 기억한 내용이 많아야 합니다. 아이들이 독해를 제대로 하지 못하고, 쓰기를 싫어하는 것은 우선 기억하지 못하기 때문이 아닌지 점검할 필요가 있습니다.

아이가 바람직한 독자 입장에서 전체를 고려하며 독해하고 있음을 확인하기 위해서는 각 단계 간의 관계를 살펴봐야 합니다. 즉 처음에 쓴 내용이 문제 성격이라면 뒤에 그 문제가 해결되어야 하는 식으로 단계가 분명히 구분되어야 하죠. 설령 책을 안 읽은 사람도 아이의 단계별 요약하기를 통해 전체 내용을 파악할 수 있는 수준이면 충분합니다.

그렇지만 초기에는 이런 독해 수준을 생각지 않습니다. 지금은 그저 각 단계의 분량이 비슷한지 확인하려고 쪽수를 적게 하는 것으로 그칩니다. 예를 들어 200쪽이라면 40쪽 전후로 나누면 되는데 서툰 아이들은 10쪽 이하 또는 80쪽 이상 나오기도 합니다. 대충 읽었거나 기억을 못 할수록 쪽수가 커집니다. 이를 반복하면 차츰 분량이 비슷해집니다.

이런 형태의 줄거리를 쓰는 방식은 쉽기는 한데 시간이 20~40분 넘게 걸립니다. 조금 더 간편하게 하려면 인물의 성격이나 특징을 쓰게 합니다. 이때 왜 그렇게 생각하는지 까닭을 적게 하는데 책에 나온 특정 장면을 근거로 들라고 요구합니다. 책의 앞부분보다는 뒷부분에서 그 까닭을 붙잡는 아이가 독해력이 높을 가능성이 큽니다. 뒤로 갈수록 기억이 희미해지기도 하지만 성격이 완성되어 가는 경우가 많으니까요. 성격 쓰기 1단계가 끝나면 추가적으로 해당 인물의 성격을 하나 더 생각해 보게 합니다. 역시 까닭도 적게 하고요. 조금 더 요구한다면 처음의 성격과 마지막의 성격을 쓰게 하고, 그 차이에 대해 생각해 보게 합니다. 청소년 소설은 대부분, 적어도 주인공이라면 중요한 사건을 겪고 나서 성격이 바뀌곤 하지요.

주제나 교훈은 다소 뻔하게 쓰는 경우가 많아서 낮은 단계에서는 시도하지 않습니다만, 굳이 필요하다면 등장인물에 따라 다르게 써보라고 합니다. 예를 들어 〈우리들의 일그러진 영웅〉을 읽고 '어떠한 불의도 꺾인다.'라고 교과서적인 주제를 생각했더라도, 이것에 가장 적합한 인물이 누구일까 생각해 보도록 합니다. 이 질문에 가장 적절한 답은 6학년 담임일 것입니다. 그렇다면 한병태나 특히 엄석대의 처지에서 받을 교훈은 전혀 다른 내용이겠죠. 특히 어른들이 바라보는 것과 아이들이 바라보는 것은 크게 달라서 주제 역시 인물에 따라 생각하는 것도 좋은 공부가 됩니다.

독서능력이 높아지면서 인물에 따라 또는 소설 속에 숨어 있는 맥락에 따라 다르게 독해하는 능력이 생기면, 자기 생각을 보편적인 결론으로 확대하지 않고 객관화하거나 구체화하는 것으로 발전합니다. 그렇지 않고 어떤 상황에서도 타당한 결론을 내리려면 대체로 착한 결론이 나옵니다. 논의를 길게 전개할 작정을 하지 않고 '알았다', '틀리지 않았다'라고 인정하게 되는 결론 말입니다. 그런데 이런 생각은 대부분 깊은 고민을 거쳐서 나오기보다는 주변에서 '잔소리'로 들은 얘기일 가능성이 큽니다.

생각이 깊어지면 그런 착한 결론에 대해 의심하게 됩니다. 그리고 어떤 조건이나 맥락에 따라 다를 수 있다는 형태로 독해합니다. 보편적인 결론을 정면으로 부정하는 것은 거의 불가능하므로 상황에 따라 다르다는 '상황 논리'를 펴게 되는 것이지요. 예를 들어 '사람을 죽이면 안 된다'라는 진리를 반박하려면 구체적인 맥락/상황에서 예외적인 경우를 가정해야 하지요. 아이들 생각으로 한번 살인한 사람은 실수라고 용서할 수 있지만 여러 명 죽인 사람은 사형시켜야 한다고 말할 때처럼, 어떤 조건을 구별하는 것이지요.

〈파도〉(토드 스트라써)는 나치즘의 작동 원리를 이해시키기 위해 교실에서 '파도'라는 훈련 프로그램을 통해 배타적인 공동체가 형성되는 과정을 그린 소설입니다. 대체로 중학생들은 이 책을 읽고 '평등해지는 대신 개성을 잃어버린다.'라거나 '단결력과 협동을 얻었지만 자유를 빼앗겼다.'라고 보편적인 결론을 내립니다.

'지나친 평등은 자유를 억압한다.'라고 쓴 학생(중2, 남)이 있는데 이런 생각은 책을 읽기 전부터 알고 있는 자신의 가치가 아닐까 싶습니다. 이 아이는 교과서에서 결론만 배웠기 때문에 결론에 도달하는 과정이 귀찮은가 봅니다. "주입식 교육으로 간단하게 한 번에 가르쳐주면 될 내용을 왜 굳이 한 달이나 걸리는 긴 실험을 통해 알려주어야 했을까?" 하고 묻습니다.

그런데 이런 결론을 비판하거나 다르게 독해하려면 의식하건 안 하건 어떤 상황을 전제합니다. "파도. 나쁘다고 하지만 이런 생각과 행동으로 좀 더 인생과 생각이 더욱 풍부해질 수도 있지 않을까? 공동체의 모든 것을 직접 체험해 보았으니깐 말이다."라고 다르게 쓴 학생(중2, 남)은 자신의 환경을 다르게 바라봅니다. "요즘 같은 시대에, 공부 좋아할 학생 아무도 없을 것이다. 더군다나 학교 행사나 봉사 활동 등등도 참여 의욕이 없다. 이런 사건이 우리 학교에도 한 번 일어나서 참여와 감동을 할 수 있었으면 한다."라고 썼습니다.

또 다른 학생(중2, 여)은 "'파도' 덕분에 난 정말 처음으로 공부를 더 잘해야 한다거나, 아이들이 나를 더 좋아해야 한다는 집착에서 풀려났어."라는 주인공 친구의 말을 인용하면서 '파도'는 학생들이 매혹될 만한 실험이었다고 인정합니다. 그러면서 그 까닭은 '스스로 생각하고 계획을 세우는 것이 힘들기 때문.'이라고 말합니다. 자신의 학교생활을 위 학생들과 다르게 바라보고 있지요.

의식적으로 맥락의 차이를 잡으려 시도한 학생(중3, 남)도 있습니다. 그는 '왜 여태까지 개인주의에 근거하여 살아온 서양인들이 이런 식으로 전체주의에 열광한 것일까? 개인주의가 여태까지 떠안고 온 문제점 때문일까?' 하고 물으면서 '전체주의는 개인주의와 위계질서 사회에서 살아남기 위해 노력하는 이들에게 사상적 탈출구가 될 만한 메리트를 지녔다고 생각한다. 하지만 과연 이것이 개인이나 사회의 장기적이고 근본적인 이익에 도움이 될 것인가 하는 점은 굉장히 불분명하다.'라고 평가합니다.

많은 아이들이 지나가는 생각의 길은 다르지만 종국에는 '파도' 또는 '나치즘'이 잘못되었다는 '착한' 결론에 도달하는 데 반해, 일부 아이들은 '착한' 결론을 받아들이지 않습니다. 그렇게 자신이 처한, 또는 자신이 중요하게 생각하는 구체적인 맥락을 분명하게 드러내야 다르게 평가하거나 판단을 보류할 수 있을 것입니다.

맥락의 중요성 : 죄수의 딜레마 비판

'죄수의 딜레마'를 예로 들어서 '맥락'을 어떻게 보느냐에 따라 해석이 얼마나 달라지는지 한 번 더 살펴봅니다. 상황은 이렇습니다.

〈죄수의 딜레마〉

주어진 조건 : 두 명의 사건 용의자가 체포되었다. 취조실에서 격리되어 심문을 받는다. 의사소통은 불가능하다. 이들은 자백 여부에 따라 다음 선택이 가능하다. 둘 중 하나가 배신하여 죄를 자백하면 자백한 사람을 즉시 풀어주고 나머지 한 명이 10년을 복역한다. 둘 다 서로를 배신하여 죄를 자백하면 모두 2년을 복역한다. 둘 다 죄를 자백하지 않으면 모두

6개월을 복역한다.

죄수 A의 선택 : 죄수 B가 침묵할 것으로 생각하면 자신은 자백하는 것이 유리하다. 죄수 B가 자백할 것으로 생각하면 자신도 자백하는 것이 유리하다. 따라서 죄수 A는 죄수 B가 어떤 선택을 하든지 자백을 선택한다. 그래서 둘 다 침묵해서 6개월 복역할 기회를 놓치고 모두 자백을 선택하고 각각 2년을 복역한다.

이런 '죄수의 딜레마'를 예로 들면서 일상생활에서나 경제활동, 더 나아가 국제정치에서 벌어지는 '합리적인 선택의 불합리한 결과'를 설명합니다.

여기서 죄수들이 일반인과 마찬가지로 '합리적인 경제인'이라는 가정은 일단 인정하겠습니다. 죄수 두 사람이 어떤 사이인지, 과거에 서로 어떤 도움을 받았는지에 따라 경우의 수가 달라진다는 것도 무시합니다. 또 격리되어 심문받는 상황이 우리 삶의 대표적인 모델이라는 전제도 그냥 인정합시다. 어쩌면 우리는 항상 용의자로 이렇게 심문받을 수 있는 상황이 현실이라고 인정해야 할지도 모르지요.

역시 '죄수'라는 규정이 생각을 단순하게 만듭니다. '학생의 딜레마', '주부의 딜레마'라고 이름을 붙이고 논의를 전개했다면 누구나 의문을 던졌을 것입니다. 또 소위 말하는 '괘씸죄'를 고려하지 않으면 같은 행위에 대해 6개월과 10년, 이렇게 차별하면서 처벌하는 것을 당연하게 받아들이지 않을 것입니다. 즉 배신하면 엄청나게 유리한 조건을 만들어 놓고, 배신했다고, 배신할 수밖에 없다고, 이것이 인간의 본성이고 합리적인 선택이라고 강변하는 것 말입니다.

이제 맥락을 바꿔 봅시다. 예컨대 독재정권에 저항하는 공동체 운동단체가 있습니다. 독재정권에 잡혔을 때 동료를 배신하면 석방된 후에 처벌받고, 동료를 믿고 침묵하면 상을 받는다는 암묵적인 규칙이 있다고 합시다. 독재정권의 감옥보다 공동체의 상벌이 더 중요하다고 생각한다면, 동료가 침묵하건 자백하건 자신은 침묵할 것입니다. 고문을 견디는 일은 쉽지 않겠지만.

'죄수의 딜레마'에서 합리적인 선택이라는 것은 인간 본성에 따른 것이 아니라 주어진 상황에서 최고의 선택일 뿐입니다. 합리적인 선택이기 때문에 동료를 배신하는 것이 아니라 불가피하게 권력의 유혹에, 그리고 협박에 복종하는 것입니다.

이것을 국제정치학에 응용하는 것에도 문제가 많습니다. 왜 개별 국가들이 각각 합리적인 선택을 하는데 지구 차원에서는 환경이 나빠지고, 천연자원이 고갈되고, 분쟁지역에 무기가 공급되는지 의문을 던지면서 불합리한 결과에 대한 설명으로 '죄수의 딜레마'를 예로 듭니다.

하지만 저는 이해하지 못합니다. 국제정치에서 강자는 미국이고, 미국은 앞장서서 지구 환경을 해치고, 자원을 가장 심하게 낭비하고, 전쟁 무기를 가장 많이 팝니다. 약소국들이 미국을 비판할 수도 없고 미국과 반대 방향으로 나가기도 쉽지 않습니다.

'죄수의 딜레마'는 합리적인 입장을 선택해서 서로에게 피해를 준다는 것이 아니라 강자의 협박에 따른, 또는 강자가 만들어 놓은 조건에 맞춘 최고의 선택일 뿐입니다. 현실적으로 개개인, 개별 국가가 손해를 보는 것은 당연합니다. 강자만이 이득을 보니까요.

'죄수의 딜레마'에서 6개월에서 10년까지의 조건을 만든 형벌 제도 또는 통치 세력이 강자입니다. 동료가 서로 '침묵'하는 것은 강자의 논리에 저항하는 것이고, 동료가 서로 '배신'하는 것은 권력에 복종하는 것입니다. 아니, 복종할 수밖에 없으니까 배신의 결과를 낳게 되는 것입니다. 그것도 불합리한 권위에 복종하는 것이지요. 스탠리 밀그램의 복종 실험에서 밝혔듯이 복종하는 이유는 성격이나 개인의 판단이 아니라 상황에 있는 것입니다.

/

5
장

/

책 없이는
표현력도 없다

중등 3학년 이상

독서만으로 수능 국어나 논술을 대비하기엔 부족하지 않을까?

한 고등학교에서 5시간 책 읽기를 시도하겠다며 도움을 청해 왔습니다. 기말고사 끝나고 방학 들어가기 전이었는데 신청자가 무려 40명이었습니다. 자발적인 참여라서 책을 좋아하고 잘 읽는 아이들이 올 것으로 기대했습니다. 그런데 읽는 태도를 보니 초중등생보다 집중력이 떨어졌습니다.

고등학생들의 독서 태도를 관찰하면 책을 읽는다기보다 보는 듯합니다. 〈사피엔스〉(유발 하라리)처럼 두꺼운 책을 읽는 아이나 가벼운 소설책을 읽는 아이들 모두 자신과 상관없다는 듯이 한 발 떨어진 채 훑어봅니다. 이런 모습을 보다 보면 고민스럽죠. 공부할 것도 많을 텐데 그래도 책을 읽으라고 해야 할까?

그러면서 이런저런 얘기를 듣습니다. 중학교 때는 전교 1등을 놓치지 않았는데 고등학교에 올라가면서 계속 성적이 떨어진 아이가 있었습니다. 너무 열심히 공부하니까 부모는 혼낼 수 없었다고 합니다. 공부해도 왜 성적이 떨어질까 살펴보니, 어려운 내용을 제대로 파악해서 공부하는 능력이 부족하다는 판단이 들었습니다. 중학교 때까지 학원에서 문제 풀이와 시험 대비를 해주는 형식으로 공부하고, 독서에는 손을 놓고 있었던 것이지요. 뒤늦게 장기 플랜의 부재가 문제였다고 후회하지만 그렇다고 독서부터 다시 시작하자니 도리가 없습니다. 이런 아이를 주변에서 본 부모들은 자신의 아이에게 책을 읽으라고 강요합니다.

한편 책을 많이 읽었는데 국어 성적이 받쳐주지 않는 아이도 있습니다. 생각도 있는 듯하고 중학생 때에는 글쓰기 대회에서 상을 탔는데 지금은 영어나 수학보다 국어 성적이 형편없습니다. 이유가 뭘까요? 대치동 학원가에서는 책을 읽고 싶다면 동화나 생각할 만한 책보다는 판타지와 같이 단순한 책을 읽으라고 권한다고 합니다. 빠른 속도로 텍스트를 파악하는 능력을 기르는 게 목적이라고 합니다. 하지만 국어나 영어 시험에 나오는 지문은 사회 탐구나 과학 탐구에서 공부하는 내용보다 훨씬 어렵습니다. 이런 지식을 다루는 힘은 언제 키웁니까?

또 논술은요? 논술 지문 역시 명작이나 고전만이 아니라 최신 이론에서 출제됩니다. 명작이나 고전은 설명을 듣고 요약본을 외우면 감은 잡겠지만 탐구영역의 최신 이론은 어떻게 공부해야 할지 불안할 따름입니다. 그런데 어떤 사람은 언어영역이나 논술 지문을 독해할 때 자신의 배경지식을 활용하지 말라고 주장합니다. 아는 것도 활용하지 말라니, 뭔가 이상합니다. 아무튼 지문은 봐도 이해가 안 되고, 어떻게 논술을 써야 좋을지 막막합니다.

그래도 국어나 영어 공부, 논술 대비에 도움이 되리라는 생각에서 아이에게 책을 읽힙니다. 하지만 부모도 확신이 없습니다. 왜 책을 읽어야 하는지, 꼭 읽어야 하는지 자신이 없죠. 아이 역시 난감합니다. 공부는 산더미처럼 쌓여 있고, 시간은 쥐꼬리만 합니다. 없는 시간을 쥐어짜내 책을 붙들어 보지만 눈에 들어올 리 없습니다. 본인도 이걸 왜 읽어야 하는지 스스로 납득하지 못하기 때문입니다.

게다가 논술이나 면접은 모두 말이나 글로 하는 표현인데 표현력은 언제 어떻게 배워야 하는지요? 가정에서는 토론은커녕 대화도 드뭅니다. 학교에서도 책을 읽거나 수업을 듣고 시험공부 하느라 정신이 없죠. 도대체 어디서 배워야 하죠? 어떤 아이들은 따로 시간 내서 말하고 쓰기를 배우는 것 같은데 그 아이는 몸이 두 개란 말인가요? 걱정은 꼬리를 물고 일어납니다.

토론으로 논술이나 면접에 필요한 표현력을 배울 수 없다

표현력이 부족한지 아닌지 파악하려면 우선 독해력이 어떠한지 점검해야 합니다. 그럼 최소한의 독해력이 있는지는 어떻게 알 수 있을까요? 물론 모의고사를 치르고 몇 등급인지 살펴보면 확인할 수 있겠지요. 고3 이전이라도 수능 기출 문제를 풀어보면 됩니다.

문제는 이런 점수로 아이들이 자신의 독해력 수준을 인정하지 않는다는 점입니다. 지문과 선택지의 일치 여부로 정답을 찾기 때문에 다시 반복해서 문제를 풀지 못합니다. 내용을 이해하지 못해도 틀린 답을 기억하니까 다시 풀면 정답을 맞힐 확률이 크게 올라갑니다. 이런 이유로 아이들은 '풀 수 있었는데 시간에 쫓겨 실수했다.'고 생각합니다.

더구나 어른들은 지문에 나온 내용을 이해할 수 있게 설명해줍니다. 설명할 때 어느 정도 배경지식이 필요한데 설명을 듣는 아이들 측면에서 보면 그 정도의 배경지식이 있어야 문제를 풀 수 있다고 말하는 셈입니다. 주어진 지문 이외의 지식이 없어도 천천히, 또는 구문을 분석하면서 정답을 찾는 경험을 쌓아야 하는데 그걸 연습하기가 쉽지 않습니다. 만일 학생에게 이를 연습시키려면 가르치는 사람이 자신의 배경지식을 내려놓은 상태에서 지문을 분석하는 모습을 보여주어야 하는데 대개는 사전에 공부를 하고 아이들을 가르칩니다. 나아가 가르치는 사람 입장에서 아이들이 배경지식을 갖고 있어서 문제를 풀었는지, 독해력이 높아서 문제를 풀었는지 구분할 수 없습니다.

아이들은 여태까지 배운 대로, 지문 내용에 대한 설명을 듣고, 내용을 이해하고, 암기하는 공부 이외의 방법은 알지 못합니다. 구문을 분석하는 공부는 잘 이뤄지지 않습니다. 대체로 수능이나 모의고사 기출 문제, 또는 EBS 문제를 풀어보고 틀린 문제에 관해 설명을 듣습니다. 하지만 이런 공부는 결국 문제 푸는 요령을 익히거나 문제 유형에 대한 감을 잡는 공부이기 때문에 독해능력을 높여주지 않습니다.

독해력을 어느 정도 갖췄다면 표현력을 배웁니다. 표현력 역시 연습을 많이 해야 합니다. 어떻게 표현하는가에 따라 독해에 대한 평가가 달라질 수 있습니다(저렇게 말을 잘하는 것을 보니 잘 이해했구나!). 그래서 많은 부모가 책 읽기보다 토론이나 논술 공부를 선호합니다.

아이들도 토론 등 표현하는 것을 좋아합니다. 토론을 자주 하면 말도 잘하고, 논리도 강해집니다. 그런데 토론 공부를 오래 시키다 보면 아이들 실력이 정체되어 있다는 느낌을 받을 때가 많습니다. 왜일까요? 이제 보통의 아이들보다는 순발력 있게 토론을 잘하기 때문에 책을 읽을 때 머리를 쓰지 않는 것이죠. 결국은 토론 역시 책에서 시작하는 셈이죠.

또 말로 하는 것은 바로 평가하기 매우 어렵습니다. 토론 과정에서 이렇게 저렇게 지적하는 것은 흐름을 끊는 것이 되고, 다 끝난 다음에 지적하면 아이들은 잘 받아들이지 않습니다. 평가자가 아이들이 말한 내용과 그 의도를 분명하게 구분하지 못하기 때문입니다. 더군다나 말할 때의 뉘앙스에 따라 의미 차이가 크게 나는데 어른들이 아이의 논리적인 표현만을 근거 삼아 평가하는 것에 아이들이 동의하기 어렵기 때문입니다.

하지만 이보다 더 근본적인 문제가 있습니다. 우리는 흔히 상대편이 답하기가 궁색하거나 반론을 펴기가 어려울 정도로 상대의 주장을 반박하는 경우에 '논리적'이라는 말을 씁니다. 이렇게 '말을 잘한다'라고 인정받는 아이들은 말뿐 아니라 감정이나 비언어적 표현을 적절히 활용하는 경우가 많습니다.

그렇지만 대학이나 직장 면접에서 상황이 다릅니다. 우선 아이가 교수나 면접관의 논리를 반박할 정도의 지식을 갖거나 그런 위치에 있지 않습니다. 물론 시간도 충분치 않겠지요. 대체로 아이는 답변을 주로 하고 질문을 던지기는 매우 어렵습니다. 대등한 토론이 아니지요. 자신과 비슷한 수준의 사람들과 토론하는 것처럼 면접에서 자기주장이 나 근거를 펼치면 '불통'이란 소리를 들을 것입니다.

아이들을 찬반으로 나눠 승패를 가르기 위해 상대의 근거를 반박하는 형태로 토론하는 방법이 새로운 교육법으로 주목받고 있지만 그 방법은 대학과 직장의 논구술 평가에서 부작용을 낳습니다. 더구나 토론 교재 밖에서 근거를 찾는 것을 허용하면 아이들은 책도 제대로 읽지 않습니다. 그야말로 말재주만 늘 뿐입니다.

국어 교사의 '이해'와 탐구 교사의 '이해'가 다르다

수능 국어 영역 지문을 보면 이것을 어떻게 짧은 시간에 이해하고 문제를 풀 수 있는지 놀랍기만 합니다. 거의 모든 영역에 걸쳐 지문이 나오는데, 지문 대부분이 분량이 많고 또 까다로운 내용으로 구성되어 있습니다. 또 최신 이론이나 주장이 나오는 일도 있는데 이런 내용은 학교에서 배우지 않습니다. 특히 문과 아이들은 과학 지문에 당황할 테고, 이과 아이들은 사회 관련 내용이 무슨 말인지 몰라 힘들 것입니다.

그런데 어떤 국어 교사들은 생각하지 말고 풀라고 합니다. '생각하지 않고 이해할 수도 있나?' 또 자신의 배경지식을 활용하지 말라고 합니다. '그나마 부족한 지식을 활용하지 않으면 무슨 재주로?' 참 이해하기 어려운 일입니다. 그러다가 국어 교사 이기정이 쓴 〈국어 공부 패러다임을 바꿔라〉를 봤습니다. 그는 〈학교 개조론〉을 쓴 분이라 믿음이 가는데, '시험 요령'을 가르쳐 준다기에 의아해하며 읽었지요. 그도 같은 얘기를 하더군요.

"생각하지 마라. 깊이 생각하지 마라. 너희들이 가진 지식을 동원하려 하지 말라. 그냥 지문을 가지고 풀어라. 지문에 나와 있는 내용만 가지고 정답을 찾아라."(85쪽)

그는 수능 국어에 나오는 문제 유형은 한 가지라고 강조합니다. 지문과 보기 문항이 일치하는가 안 하는가. 지문과 일치하지 않는 문항을 만드는 방법은 크게 두 가지입니다. 지문의 내용을 왜곡하거나 지문 속에 없는 내용을 꾸며 내는 것.

이런 방식으로 2015년도 수능 언어영역을 살펴봤습니다. 여기에는 제가 전혀 이해하지 못하는 '칸트의 미적 감수성'에 대한 문제가 있습니다. "칸트는 미감적 판단력을 본격적으로 규명하여 근대 초기의 합리론을 선구적으로 이끌었다."라는 선택지는 지문에 나오는 내용인 "이러한 근대 초기의 합리론에 맞서"라는 문장을 근거로 틀렸다고 판단합니다. 또 "개념적 규정은 예술 작품에 대한 취미 판단을 가능하게 한다."라는 선택지가 적절하지 않은 까닭은 지문에서 "미적 감수성은 대상을 개념적으로 규정할 수는 없지만"이라는 구절과 일치하지 않기 때문입니다.

아마도 칸트의 미적 감수성 자체에 관해 공부한다면 정말 그러한가를 놓고 고민해야 할 것입니다. 이를테면 '대상을 개념적으로 규정하지 않고, 설사 의식하지 못한다고 해도 예술품을 판단하는 것이 가능할까?' 같은 의문이 따라올 수 있겠지요. 그렇다면 칸트와 견해가 다른 철학자에 관해 공부하면서 지식을 체계화시켜야 할 것입니다.

크게 보면 개별 탐구영역 교사들만큼 내용을 알아야 문제를 풀 수 있다고 가정한다면, 국어 교사는 한 과목의 교사가 아니라 '르네상스형' 지식인이 되어야 할 것입니다. 분명 국어 교사들이 그렇지 않을 텐데 수능 문제를 풀고 해설을 하는 것은 탐구영역의 교사들만큼 지식이 없어도 문제 풀이가 가능하다는 얘기입니다. 결국, 국어 시험에서 요구하는 것은 최소한의 독해, 즉 '저자가 쓴 내용이 어떠하다'를 빠르게 파악하는 것입니다. '그 내용이 옳은가, 다른 지식과 모순되지 않는가?' 하는 것에 대해서는 묻지 않는 것이지요.

그런데 아이들은 탐구 공부도 합니다. 과학을 공부하면서 자연 현상에 대한 합리적인 지식을 이해해야 하고, 역사를 공부할 때 일어난 사건, 사실을 기억하고 연결해야 합니다. 여기에는 글쓴이와 상관없이 객관적인 법칙이나 진실이 있다고 전제합니다. 따라서 역사적, 과학적 지식을 암기하게 됩니다. 탐구 시험은 주로 이런 지식에 대한 것들입니다. '탐구하는 과정' 등을 가르쳐야 한다는 요구가 있지만, 아직 우리 수능 시험은 지식을 점검하는 수준에 머물고 있지요.

그래서 아이들은 국어 시험에서 요구하는 독해력과 탐구 시험에서 요구하는 지식을 구분하지 못합니다. 탐구 시험에 나오는 탐구 지문은 자신이 알고 있는 배경지식과 연결해 문제를 풀어야 합니다. 그렇지만 국어 시험에 그 지문이 나왔다면, 이미 알고 있는 탐구 지식과 상관없이 지문을 독해할 수 있는지 그 능력을 점검하는 것으로 봐야 합니다.

물론 최소한의 독해가 가능할 정도의 독해력이 있어야 합니다. 이기정 교사가 요령을 알려주면서 강조하듯이 책을 읽어서 독해능력을 높여야 합니다. 문제 풀이 훈련은 백 시간이면 충분하다고 합니다. 반면 독해능력은 몇 년 걸리는 긴 연습 과정이 필요합니다.

형식적으로 개요를 짜면서 표현력을 높인다

많은 아이가 글을 쓰지 않으려 합니다. 독서능력이 부족해서 그렇기도 하지만 능력이 있어도 어떻게 써야 할지 배운 적이 없어서 그럴 것입니다. 흔히 구상하고, 개요를 짜서 글을 쓰라고 하지만 이렇게 글을 쓰려면 어떤 강한 계기가 있지 않고서는 가능하지 않을 것입니다.

물론 과제는 피할 수 없는 강력한 계기가 되죠. 그러나 이때도 독자가 어떻게 받아들일지 의식하거나 표현력을 높이기 위해 어떻게 글을 써야 할지 고민하지 않고 그냥 글을 씁니다. 지금껏 살면서 수많은 글을 읽었을 테지만 나의 글쓰기에는 나침반이 되지 않죠.

독서능력이 부족하면 글을 쓰기 힘든 것처럼 표현한 경험이 많지 않으면 독서능력 역시 어느 수준 이상 성장하지 못합니다. 즉 표현력이 약해도 책을 읽기만 하면 독해력이 올라갈 것이라 기대하지만 마냥 올라가진 않습니다. 왜냐하면 소설에서 아무리 묘사를 잘해도 그것은 현실이나 경험과 비교해 추상적이고 상징적입니다. 책을 읽고 구체성을 붙잡으려면 자신의 경험을 언어로 표현해 보아야 합니다. '어떤 물체가 물에 반쯤 잠겼을 때 잠긴 물체의 부피만큼 수면이 더 높아진다.' 라는 '부력'의 설명을 이해하려면 이와 비슷한 경험을 언어로 표현한 경험이 있어야 머릿속으로 그림을 그릴 수 있습니다.

또 자신의 경험을 바탕으로 삼아야 서로 다른 책에서 나오는 비슷한 사례들을 비교하면서 통합할 수 있습니다. 쓰기 등을 자주 해서 자기 경험을 상징화할 수 있어야 다른 경험을 상징으로 표현한 글을 읽고 이해할 수 있습니다. 표현력이 부족하면 독해하는 능력도 한계에 부닥칠 것입니다.

그래서 일단 토해내듯이 글을 쓰는 것이 필요합니다. 이때에는 맞춤법이나 독해를 고려하지 않고 길게 쓰는 것을 권장합니다. 물론 책과 관련이 없는 생각은 필요에 따라 쓰지 못하게 합니다. 또 너무 당위적인 표현을 쓰면서 반성 또는 교훈을 장황하게 풀어 쓰는 것도 지적합니다. 이보다는 의문-답 형태로 반복해서 쓰거나 하나의 의문에 대해 길게 글을 쓰도록 요구합니다. 이런 식으로 글쓰기를 반복하면서 일단 글쓰기 호흡을 늘릴 수 있도록 경험을 쌓게 하지요.

어느 정도 글을 쓰는 고등학생이라면 방향을 알려줍니다. 개요를 짠 다음 글을 쓰지 않고 글을 쓴 다음에 개요를 짜라고 말이죠. 즉 떠오르는 대로 글을 먼저 씁니다. 그런 뒤에 이를 문단으로 나눕니다. 그러고 나서 문단을 한두 줄로 요약합니다. 요약하는 데 시간이 너무 걸리면 첫 문장을 요약문으로 간주합니다. 요즘은 두괄식으로 표현하는 것이 좋으니까요.

요약만 따로 정리하면 글 전체의 내용, 즉 내가 무엇을 쓰고자 했는지를 파악할 수 있습니다. 그러면 이를 바탕으로 개요를 짭니다. 보통 요약문이 8개 있다면 2~3개는 버리고, 3~5개를 추가해서 순서를 다시 정하고 이를 바탕으로 글을 쓰는 것입니다.

어느 고2 학생은 〈로빈슨 크루소〉를 읽고 이런 의문을 제시하며 글을 썼습니다.

"인종 차별이 존재하고 노예무역이 성행하는 등 백인우월주의가 만연한 세상임에도 크루소는 식인종들의 문화와 생명을 어느 정도 존중하고자 하는 태도를 보인다. 크루소는 왜 당시의 시대상과는 다른 생각하게 되었을까?"

놀라운 해석이긴 합니다만 아무런 지적을 하지 않았습니다. 다음에는 〈방드르디〉를 읽고 비교해서 의심하게 했더니 다음처럼 자신의 생각을 펼쳤습니다.

"두 책 모두에서 주인공들은 프라이데이(방드르디)를 학대하거나 차별하지 않고, 서로 유대감을 가지며, 흑인(원주민)의 능력이나 태도, 삶을 인정하고 차별에서 벗어나고자 하는 모습이 보인다."

이렇게 쓴 글들을 타이핑하고 요약하게 했습니다. 그는 한 단어로 정리하고 순서를 정했습니다. '문명', '언어', '관계', '로빈슨의 행동', '인종', '작품'으로. '문명'은 6문단이고, '언어'는 3문단, '관계'와 '인종'은 2문단으로 정리했습니다. 이런 순서로 다시 타이핑을 한 다음에 다시 정리했습니다.

"1. 무인도에서 문명을 일군 로빈슨, 2. 혼자 사는 삶, 3. 로빈슨과 프라이데이, 4. 로빈슨의 행동, 5. 로빈슨 크루소와 인종차별주의."

요약이 생각을 정리하는 데엔 도움이 되었지만 글을 짜임새 있게 재구성하는 데까지 발전하지는 못했습니다.

그는 〈태양의 아이〉를 읽고 글을 쓸 때는 좀 더 짜임새 있는 구성을 시도했습니다. 본론에서 쓴 내용을 '전쟁의 상처'라고 정리하니까 자연히 '상처의 극복 과정'이 필요함을 분명히 알게 되었습니다. 또 그런 과정에 대해 '한계'나 '반박'이 가능함을 예상할 수 있고, 역시 그것에 대해 다시 '한계의 극복'이나 '재반박'을 고민해서 정리할 수 있게 되었지요. 〈로빈슨 크루소〉와 〈방드르디〉를 읽고 쓸 때는 이렇게 형식적으로 요약하지 못했기 때문에 글이 논리적으로 전개되지 못한 것입니다. 하지만 이번에는 처음에 언급하지 못한 점까지 생각하게 되고, 마지막에는 '한계의 극복'으로 '조력자'의 부분을 두드러지게 강조하는 글을 완성했습니다.

고등학생에게 필요한 표현력 사례 분석

❶ 자기소개서 : 자기 경험을 더 상세하게 쓰고 이를 개념화한다

자기소개서는 독후감이나 논술과 매우 다릅니다. 자신의 경험에 대해 생각과 느낌을 쓰는 것이라 아이들이 어릴 때부터 쓴 일기와 비슷합니다. 일기는 원래 자신만 보는 것이지만 학교 숙제로 쓴 일기는 부모나 교사가 읽는 것을 전제합니다. 아이들은 그들의 평가에 대한 두려움 때문인지 자기 삶에 대해 구체적으로 쓰지 않습니다. 너무 빠르게 결론이나 반성을 내리고 있습니다. 소설을 읽고 독후감을 쓸 때보다 아이 생각이 덜 드러나기도 합니다. 생활지도 성격이 강해 오히려 쓰기 공부의 바탕이 되지는 않는 듯합니다.

고등학교 또는 대학교에 입학할 때 쓰는 자기소개서를 여러 편 읽으면 대체로 비슷한 인상을 받습니다. 아이들 경험이 비슷해서 그렇기도 하겠지만 사고방식, 아니 글 쓰는 방식이 비슷해서 그러하겠지요. 대부분 자신의 경험을 나열하듯이 씁니다. 그리고 끝에 반성 형태로 마무리를 짓습니다.

자기소개서의 1번 문항은 대체로 이렇습니다.

"재학 기간에 학업에 기울인 노력과 학습 경험을 통해 배우고 느낀 점을 중심으로 기술해 주시기 바랍니다."

여기에 많은 아이가 자기가 진행한 공부 과정을 나열합니다. 학교 공부 중심으로 쓴다면 '매일 문제집을 풀고 궁금한 점을 선생님께 질문하며, 또는 친구들과 협의하며 공부했다.'고 적고, 활동 중심이라면 '발표 과제를 위한 설문조사, 인터뷰, 저학년 조언, 복지기관 봉사' 등을 했다고 씁니다. 그리고 끝에 이런 말을 덧붙입니다. '이런 과정을 통해 진정한 공부의 즐거움을 알았다.'라거나 '다양한 문제 해결 방법을 배우는 것도 매우 중요하다.'라거나 '공부란 나에게 잘 맞는 방식을 선택해가는 주도적 과정이라는 것을 알게 되었다.'라고 씁니다.

대학교나 한국대학교육협의회 등에서는 이렇게 설명합니다. '배우고 느낀 점'이 중요하긴 하지만 '자기 주도적 학습으로 학업 성취를 이룬 뜻 깊은 경험'을 표현하라 합니다. 이를테면 '수학 공식 뒤에 숨겨진 논리와 철학을 알아내려 관련 도서를 찾아 읽었다.'라는 식으로 말입니다.

저는 이런 지적을 많이 합니다. '노력'이 보이지 않는다고요. 친구들과 협력해서 조사하고 발표했다고 쓸 때 연구 결과의 내용이 주로 나오고 어떻게 연구했는지는 나오지 않습니다. 예를 들어 하루 설문 조사한 것과 1주일 이상 조사한 것은 다릅니다. 또 혼자 한 것과 친구들과 함께한 것은 다르지요. 함께했다면 조사 결과에 대해 약간의 논란이 있었을 텐데 이를 어떻게 조율했는지 드러나야 합니다.

이런 과정을 거쳐 좀 더 구체적인 모양으로 정리된 글에는 숫자가 많이 나옵니다.

> 소논문 주제를 정해 6개월간 연구에 참가했습니다. 먼저 2학년 학생 200여 명을 대상으로 설문조사를 했습니다. 반마다 돌아다니면서 설문 취지를 설명하고 간식을 주며 부탁했던 기억이 생생합니다. 자료를 구하기 위해 국회도서관에 2번 방문했고, 현장의 목소리로 알아보기 위해 친구와 서울 시민청 공정무역상점을 찾아 매니저를 인터뷰했습니다.

발로 뛰고, 특히 '간식'을 주면서 조사를 했다는 것이 노력한 모습을 생생하게 보여줍니다.

이렇게 구체화하면서 자신의 느낌이나 배운 점을 포함하면 더 좋습니다. 같은 활동이라도 느낌이 다를 수 있으니까요. 그리고 이를 통해 읽는 사람이 '정말 고민하고 깨달았겠구나.' 느끼도록 씁니다. 다음은 서울 모 대학 편입 지원생의 자기소개서입니다.

(원래 글)

(생략) (미국에서) 오지 탐험을 떠나게 되었습니다. 식수, 화장실, 샤워 시설, 심지어는 텐트를 칠 자리조차 찾기 힘든 ○○호수를 노를 저어 건너고, 카누

를 이고 △△ 산을 넘었습니다. 거친 자연을 처음 경험하는 저에게는 힘든 일이었지만, 동료들과 힘을 합해 식량을 마련하고 파도를 갈랐습니다. 혼자 힘으로도 세상을 살아갈 수 있다고 자신했던 저는 탐험을 통해 도움을 받는 법을 배웠고, 팀원을 위해 희생하는 가치 또한 깨달았습니다.

(수정한 글)

오지 탐험을 떠났습니다. 카누를 이고 산을 넘을 때 배낭을 무거워하던 동료가 주저앉은 적이 있었습니다. 지친 팀원들은 아무도 선뜻 동료의 배낭을 대신 들지 않았고 저는 행렬의 맨 끝에서 고군분투하던 중이었습니다. 주저앉을 수밖에 없는 동료의 막막한 심정을 이해할 수 있을 것 같았고 아무도 나서지 않은 것에 조금은 화가 나서 이미 충분히 무거운 저의 배낭에 동료의 짐을 일부 꺼내어 넣었습니다. 그러자 다른 동료들도 조금씩 거들었고 다시 일어선 동료의 눈빛에 스치는 고마움은 종일 저의 힘이 되어주었습니다. 다음날 제가 넘어져 다리를 다쳤을 때는 동료들이 걷기 힘든 저를 카누에 태운 채 번갈아 가며 카누를 끌어주었습니다. 모두에게 신세를 진 한 시간은 저에게 일 년 같았으며 짐이 된다는 죄책감과 자신을 책임질 수 없었다는 실망감에 고개를 들 수 없었습니다. 하지만 기꺼이 카누를 끌어주는 동료들의 모습에 전날 주저앉은 동료가 느꼈을 복잡한 마음을 이해하게 되었습니다. 배려하고 또 배려를 받는 것에는 내가 먼저 손을 내미는 용기와 겸손한 마음으로 내민 손을 잡는 태도가 필요하다는 것을 깨달았습니다.

그는 고등학교 때 유학을 떠나 대학생 활동을 마치고, 이후 한국에 돌아와 편입을 준비 중인 여학생입니다. 학업 이외의 활동을 쓰는데 간단하게 내용을 쓰고 빨리 결론을 내립니다. 일반화를 시켰지만 읽는 사람을 설득할 만한 구체적인 내용을 담지 못했습니다. 수정 작업에 들어가면서 그 상황을 떠올리도록 질문을 해서 힘든 상황을 적절히 표현했습니다. 그런데 '조금은 화가 났다'라고 했는데 그 이유는 뭐라고 생각하는지 끝내 정리해내지 못했습니다. 예를 들어 '남자들이 뭐 저래?'일 수도 있고, '미국은 개인주의가 심하구나.'일 수도 있고, '경쟁으로 사람이 비참해지는구나.'일 수도 있습니다. 아니면 '결국 공동체 경험 아닌가? 우선순위 경쟁이어도 같이 탐험을 끝마쳐야 하지 않나?'일 수도 있고, '내 몸이 힘들다고 나보다 더 힘든 사람을 모른 척해야 하나?'일 수도 있습니다. 그렇지만 거짓으로 꾸며 쓸 수 없습니다. 곧바로 질문을 받을 수 있으니까요. 이것은 끝에 '먼저 손을 내미는 용기와 겸손한 마음'보다 더 중요한 부분일 것입니다. 왜냐하면 본인의 숨어 있는 전제나 가치가 드러나기 때문입니다.

❷ 논술 : 논제에 맞게 제시문을 요약하고 재구성해서 통합한다

논술은 자기소개서와 달리 주어진 제시문을 바탕으로 씁니다. 뭘 써야 할지는 논제가 주어진다는 점에서는 같습니다. 그래서 쓰라고 하는 것을, 그것도 가능하면 순서대로 쓰는 것이 중요합니다. 역시 제시문을 제대로 독해했는지가 기본 평가이므로 제시문을 확대하여 해석하는 것은 감점 요인이 됩니다.

대부분 제시문이 여러 개 나오고, 또 논제가 주어지기 때문에 제시문의 주제나 의도에 맞게 요약하는 것이 아니라 논제에서 요구하는 것에 맞게 재정리해야 합니다. 높은 점수를 받지 못하는 아이들은 대부분 이렇게 재정리하지 못해 '제시문을 통합해서 독해하지 못했다'는 평가를 받습니다.

2015년 중앙대 모의논술을 예로 들어보겠습니다. 1번 문제는 "제시문 (가), (나), (다), (라)에 나타난 '기억의 역할'의 차이를 하나의 완성된 글로 서술하시오."입니다.

제시문 (가)는 〈독서와 문법〉 교과서에 실린 도정일의 글로, '인간은 유한한 존재임에도 불구하고 그 한계를 넘어선 미래와 불가능한 것에 대한 상상이 가능하다'라는 내용이지만 이를 '기억'과 연관시켜 '과거에 대한 우리의 기억은 성찰과 결합하였을 때 상상력의 근간이 되고 미래의 길잡이로서 역할을 한다고 볼 수 있다'처럼 바꿔야 합니다.

한 학생은 '제시문 (가)에서는 삶은 유한성을 근거로 성찰해나가는 인간의 특성을 제시하고 있다. 이때 인간은 유한성을 인지하는 동시에 기억과 상상이라는 도구를 이용해 성찰하고 미래를 계획한다.'라고 썼는데 두 번째 문장은 '기억'을 주어로 썼어야 합니다.

또 제시문 (다)는 〈생명 과학〉 교과서에 나오는 글로, '병원체에 대한 기억이 세포에 남아 이후 동일한 항원이 침입했을 때 신속하게 반응함으로써 후천성 면역 반응이 가능함'을 설명하는 내용입니다. 역시 '기억'에 초점을 두고 요약하면 이렇게 바뀝니다. '기억은 과거의 경험을 되살려 유사한 환경에 직면했을 때 빠르고 신속하게 대응할 수 있도록 만드는 기반이 된다.'라는 식으로요.

앞의 학생은 처음엔 '기억'이란 단어를 쓰지도 않았고, 학생 답안을 읽고 다시 쓸 때도 '기억이라는 것을 우리 세포가 함으로써 우리 몸의 면역 작용이 작동할 수 있다.'라고 요약했습니다. 여전히 기억이 초점으로 자리 잡지 못했네요.

또 논제에서 '하나의 완성된 글로 서술하라'고 했으니 서론 형태의 한 문장으로 쓰고 결론 형태로 본론에서 언급한 기억의 역할을 한 문장으로 정리하는 것이 필요하겠지요.

문제 2는 "제시문 (마)와 (바)의 논지를 토대로, 제시문 (사)의 '학습법'이 현대사회에서 갖는 한계와 효용을 서술하시오."입니다. 문제를 잘 살펴보면 어떻게 써야 할지 알 수 있습니다. 먼저 제시문 (사)의 '학습법'이 무엇인지 정리해야겠지요. 그리고 (마)와 (바)의 논지가 무엇인지, 그리고 그것을 통해 (사)를 어떻게 평가할 수 있는지 쓰면 되겠습니다.

제시문 (마)는 '현대사회에서는 다양한 매체로 인한 매체 환경의 변화를 이야기하고 이러한 환경에서는 독서법도 달라져야 함'을 이야기하고 있고, 제시문 (바)는 '음악적 경험이 부족한 사람들이 음악을 이해하는 방법'을 설명하고 있습니다. (사)는 조선 시대 문인 김득신을 예로 들어 암송이 글에 나타난 의미와 정신을 내면화하는 독서법이라는 글입니다. 근데 (마)와 (바)에 대해 먼저 쓰는 학생들이 있습니다. 그러면 (사)와 관련 없이, 즉 논제와 무관하게 제시문 자체를 요약한 느낌이 듭니다. 실제로도 그럴 가능성이 크고요. 한 학생은 '현대사회의 지식은 시대와 장소에 따라 변화함을 주장한다.'라고 정리했는데 논제와 연결하면 '그래서 고정불변한 것으로 간주하여 기록한 책을 단순 암송하는 것은 효과적이지 못하다.'라는 점까지 언급해야 합니다.

문제 3은 "제시문 (아)의 논지를 고려하여, 제시문 (라)에 나타난 '영웅 만들기 메커니즘'이 초래할 수 있는 문제점을 서술하시오."입니다. 제시문 (아)는 '고대 그리스 직접 민주 정치 제도인 도편 추방제의 양면성'을 설명하는 글이고, 제시문 (라)는 '영웅의 이미지는 시대와 집단의 필요로 선택적으로 전달된 기억의 재구성으로 만들어진다'라는 글입니다.

고려해야 할 제시문이 둘이라면 이들이 서로 대립하는 태도를 표현한다고 보면 되지만 하나라면 그 속에 상반된 견해가 있을 가능성이 큽니다. 여기서는 '도편추방제'의 양면성을 모두 표현해야 합니다. 그런 두 측면과 '영웅 만들기 메커니즘'을 연결시켜야 문제점이 뚜렷하게 드러날 수 있습니다. 그렇지 않고 '도편추방제'의 부정적 기능, '메커니즘'의 원리를 생략하고 그 위험성만 기술한다면 절반의 점수밖에 받지 못한다고 나타나 있습니다.

또 그 위험성도 '영웅이라는 미디어를 통한 사회구성원의 상하 관계 속에 한정시킴으로써 위선자의 개인적 탐욕과 권력을 유지하고 다수 구성원의 눈을 흐리는 상황이 발생할 수 있다.'라는 식으로 기억과 연결해 쓰지 않는다면 이번 논술의 큰 주제에서 벗어나는 것이지요. 결론은 '기억이 사회를 통해 재구성될 수 있으며 심지어 왜곡될 수 있다.' 라고 해야 논제에 맞는 글이 됩니다.

요즘 논술은 정답이 있다고 말할 정도로 무엇을 어떻게 써야 할지 정해져 있습니다. 많은 아이가 논제에 맞게 재구성하지 못하는 것은 독해력이 낮아서 그렇다고 볼 수 있지만, 이보다는 우리 입시교육 풍토와 관련된 문제가 아닐까 생각합니다. 더구나 여기에 자신의 가치 판단을 개입시키지 않고 판단 보류하라는 것은 매우 어려운 요구사항입니다.

위 학생은 '영웅은 사회적 틀 속에서 특정한 사회 집단에 의해 선택된 기억을 토대로 만들어진다.'라는 제시문을 읽고 저한테 이렇게 물습니다.

"특정 사회 집단 전체가 왜곡해서 영웅을 만든다는 관점보다 특정 정치 세력이 기억을 가공해서 영웅을 만들고 민중을 선동하는 게 더 문제점에 부합하지 않나요?"

이렇게 고민하는 아이들은 한쪽으로 치우치긴 했어도 생각하면서 공부하는 학생들인데, 그들이 그 짧은 시간에 논쟁적인 제시문을 여럿 읽고 자기 생각을 억누른 채 논제에 맞게 글을 쓰는 것이 정말 가능할까 하는 회의감이 들기도 합니다.

❸ 제시문 면접 : 면접관과 호흡을 맞춰라

제시문 면접에서 제시문이 주어졌다 해서 논술과 비슷하게 생각하지만 이 방식은 기본적으로 면접입니다. 면접은 어른들도 결과를 예상하기도, 미리 준비하기도 무척 어려운 분야입니다.

우선 제시문이 주어졌기 때문에 제시문을 정확히 독해하는 것이 중요합니다. 특히 질문의 요지에 맞게 독해해야 합니다. 대체로 질문을 3개 주는데 그 흐름을 읽을 수 있어야 합니다. 여기까지는 논술과 크게 다르지 않습니다.

그렇지만 현장에서 말로 표현하는 것은 또 다른 문제입니다. 흔히 '자세를 단정하게 하고 살짝 웃으며 여유 있게 말하라'고 합니다만 권위 있는, 자신의 당락을 손에 쥔 어른 앞에서 여유를 갖기란 거의 불가능할 수밖에 없습니다.

누구는 답변으로 '말하는 속도는 너무 빠르지도 느리지도 않게 말하라'고 합니다. 맞는 얘기입니다만 '적당한' 속도를 유지하라는 말은 엄격히 말하면 아무런 기준이 되지 않습니다. 저는 이렇게 얘기합니다, 면접관이 빠르게 말하면 빠르게 대답하고, 느리게 말하면 느리게 대답하라고. 물론 쉽지 않겠지요. 그렇지만 이를 의식하면 10분 면접하는 동안 속도가 면접관과 비슷하게 조금이라도 변할 것입니다.

〈회사가 당신을 채용하지 않는 44가지 이유〉(신시아 샤피로)를 보면 이런 내용이 나옵니다.

"당신이 면접관의 어조, 속도, 호흡 나아가 자세까지 비슷하게 맞춰 따라 하면 면접관은 당신에게 동질감을 느낄 것이다."

물론 이 책은 직장 면접이지만 저는 대학 면접도 다르지 않다고 생각합니다. 결국 중요한 것은 동질감, 흔히 말하는 친밀감입니다. 즉 짧은 순간이지만 믿을 만한 분위기를 형성하고 있는가 하는 점입니다. 위 책에서는 '지원자들이 저지르기 쉬운 최대의 실수는 면접관과 유대감을 형성하는 대신 면접하는 내내 자기 자신에게만 몰두하는 일'이라고 말합니다. 이런 분위기의 면접이 90%를 차지할 정도로, 자기 자신을 제대로 알리겠다는 것에 초점을 두는 사람들이 많다고 하지요.

더군다나 문제가 까다로우면 더욱 그렇게 자기주장만 전개할 가능성이 큽니다. 실제로 그래서 그런 문제를 제시하기도 합니다. 2015년 고려대학교 수시 자연계 문제가 바로 그렇습니다.

제시문 (가)에 고려 속요 정석가를 두 연 쓰고, 제시문 (나)에는 삼각형 내각의 합이 항상 일정하다는 수학의 법칙을 설명하고 있습니다. 정석가는 바위에 연꽃을 붙여서 꽃이 피거나 군밤을 심어서 싹이 난다면 연인과 이별할 수 있다는 내용이고 (나)는 평행한 직선을 그어 생긴 엇각, 동위각을 이용해 내각의 합은 180도임을 알 수 있다고 명시하고 있습니다. 문제는 이렇습니다.

"문항 1은 (가)와 (나)를 읽고 공통적으로 떠오르는 단어를 말하고 그 이유를 설명하시오. 문항 2는 그 단어와 연관되는 과학에서의 예를 들고 설명하시오. 문항 3은 그 단어와 '움직인다'라는 단어를 주제로 하여 자유롭게 이야기를 전개하시오."

솔직히 말해서 저는 아무 생각이 나질 않았습니다. 어른이라서 생각이 굳어서 그럴까요? 아이들은 어떤 생각을 할까요? 2015년 '경기도교육청'과 '대구진로진학상담교사협의회'에서 펴낸 면접 후기 자료집에서 4명의 답을 엿볼 수 있었습니다.

한 학생은 공통 단어를 '꼬리물기'라고 했고, 이유로 이별에 대한 정한을 '꼬리물기' 형식으로 표현했다고 답했고, 과학 사례는 인체를 들고, 문항 3은 자동차에 연료를 넣어주면 꼬리물기 형식으로 동력을 이용한다고 답했습니다. 다른 학생은 '불가능'을 들고, "삼각형 내각이 그 자체만으로는 한 점에 모일 수 없다는 점"을 근거로 답하고, 사례는 과학의 진보를 들고, 불가능이 움직임을 통해 가능으로 실현됨을 생각해 보았다고 답했습니다.

또 다른 학생은 '가정'으로 답하고 이유로는 수학적 귀납법을 연상하여 가정이라 해석하고, 과학 현상은 연역적 탐구 방법을 사용한 페니실린 발견을 들고, '움직인다'는 단어는 "우리는 미래를 가정하고 그것에 대해 두려움을 가지기 때문에 발전해나갈 수 있다"라고 연결 지어 답했다고 적었습니다.

다른 학생은 '유지'라고 답하고, 그 이유는 "임과 같이 있는 지금의 상태를 유지하고 싶은 화자의 마음"을 느꼈다고 했습니다. 면접관이 "그 단어를 좀 더 과학적 용어로 바꾸어 보라"고 추가 질문하고 힌트까지 받은 다음에 '불변'으로 바꾸었지요. 과학적 현상으로 물리 쪽은 '탄성', 생명 쪽은 '항상성 유지'를 얘기했더니 면접관이 "(조금 갸우뚱하시면서) 다른 물리적 현상은 없나?"라고 물어 '에너지 보전법칙'을 떠올렸다 하고, 3번에 대해서는 '유지'와 관련해서 "우리는 과거를 잊기 쉽습니다. 과거는 현재와 미래의 거울……" 등을 얘기했는데 끝난 다음에는 본인 생각에 적절치 않다는 느낌이 들었다고 적었네요.

정말 놀랍네요. 정답이 없는 수준이 아니라 엄청난 창의력, 사고의 순발력을 요구하는 문제라 생각하니 어떻게 준비해야 할지 막막할 것입니다. 본래의 배움대로, 배운 지식을 통합적으로 생각하는 힘이 있으면 가능하겠지만 지금의 수능 공부와는 크게 달라서 요즘 아이들로서는 억울하다고까지 느낄지 모르겠습니다.

그래도 마지막 학생의 후기를 보면 면접관이 학생의 생각을 다듬어 주는 것이 아닌가 하는 느낌이 들 것입니다. 물론 운이 좋다고 볼 수도 있지만 자세나 태도에서 면접관과 라포(상호신뢰, 유대감)를 형성하려 애쓴다면 면접관이 일부러 까다롭게 질문하지 않을 거라 기대하는 것이 좋습니다.

'의사소통'과 관련된 같은 학교의 문과 면접을 보면서 그런 측면을 엿볼 수 있습니다. 한 학생이 "보편적 본성은 인정하지만 개개인의 가치관이 다를 수밖에 없다."라고 하자 면접관은 "그럼 보편성과 특수성이 공존할 수 있다고 생각해요?" 하고 추가 질문을 했습니다. 또 "깊이 성찰해보아서 자신의 의견을 견고히 하거나 혹은 옳지 않다고 생각되면 과감히 버릴 줄 아는 개방적 태도"로 답하자 추가 질문을 했습니다. "성찰적 태도와 개방적 태도, 맞죠? 본인은 개방적이라고 생각합니까?" 학생은 당황해서 적절하게 대답하지 못하고 마지막에 "아무튼 저는 개방적으로 변하고 있습니다."라고 하자 면접관은 "그래 그것도 하나의 의사소통이고 그렇지." 하고 끝냈습니다. 그전에도 "중간에 교수님이 개념을 한 번 정리해주는 질문, 말씀으로 도와주셨습니다."라고 첨가했습니다.

까다롭거나 예상하지 못한 질문이 올 때 학생으로서는 당황할 수밖에 없지만 오히려 이런 경우가 면접관이 학생의 생각에 관심이 있어서 그렇다고 긍정적으로 생각하는 편이 낫습니다. 다시 말하면 면접관과 소통하려 하지 않고 자신이 아는 것만 주장하려 한다면 면접관은 별다르게 제지를 하지 않거나 가볍게 힌트를 주지 않을 것입니다. 그러면 학생들은 면접을 잘 본 것 같다는 착각을 하기 쉽지요.

문제는 이런 친밀감이 언어보다는 말투나 태도에서 생긴다는 점입니다. 위 책에서는 "말이 미치는 영향은 단지 7%에 불과하고, 나머지 55%는 몸짓에, 38%는 목소리 톤에 달려 있다."고 합니다.

어떻게 준비를 해야 할까요? 저는 아이들에게 면접을 연습할 때 동영상을 찍으라고 합니다. 동영상을 다시 볼 때 속도를 조절해서, 즉 빠르게 또는 느리게 들어보면서 말투 등을 관찰하고 몸짓을 보려면 소리를 죽이고 살펴보라고 합니다. 부모의 도움을 받을 수 있다면 아이가 미리 쓴 내용을 읽고 다소 시비 거는 듯한 질문을 준비해서, 이에 답변하는 장면을 동영상으로 찍고 자신을 객관적으로 관찰해보는 것이 필요합니다.

말의 내용이 아니라 말투나 태도라면 누군가, 특히 전문가가 문제 있다고 지적하는 점을 짧은 시간 내에 고칠 수 없을 것입니다. 그렇지만 스스로 문제라고 생각하는 점은 조금 바꿀 수 있지 않을까 해서 이렇게 연습하는 것이지요.

: 추천도서 목록 :

• 판타지/마법 - 초급 •

	1단계	2단계	3단계
판타지	- 괴물 예절 배우기 - 꼬마 괴물과 나탈리 - 민핀 - 화가가 된 꼬마유령 - 흡혈귀 루디, 치과는 정말 싫어	- 꼬마마녀 - 마지막 거인 - 밥데기 죽데기 - 아기도깨비와 오토 제국 - 세임스와 슈퍼 복숭아 - 호호 아줌마 시리즈	- 5월 35일 - 13개월 13주 13일 보름달이 뜨는 밤에 - 고양이 학교 - 내 친구 꼬마 거인 - 위대한 마법사 오즈 1~14 - 장수 만세! - 짐 크노프와 기관사 루카스 - 짐 크노프와 13인의 해적
마법 마술	- 스탠리 시리즈 1~3(납작이가 된 스탠리, 투명인간이 된 스탠리, 스탠리와 요술 램프) - 마법에 걸린 주먹밥통 - 마법의 빨간 립스틱 - 마법의 설탕 두 조각 - 변신 점퍼 - 우리 집 하수도에 악어가 산다 - 조지, 마법의 약을 만들다 - 펭귄표 냉장고	- 개구리 선생님의 비밀 - 내 마음속 화딱지 - 델토라 왕국 1~8 - 사과나무 위에 할머니 - 아토믹스 1, 2 - 영리한 공주 - 요술 손가락 - 헌터 걸 1~4	- 마녀를 잡아라 - 마틸다 - 머릿속의 난쟁이 - 수일이와 수일이 - 엄지소년 닐스 - 찰리와 초콜릿 공장 - 호첸플로츠 1~3
SF 미래		- 광합성 소년 - 꿈꾸는 요요 - 복제인간 윤봉구 1~3 - 수상한 진흙	- 64의 비밀 - 열세 번째 아이 - 지엠오 아이 - 깡통 소년

• 판타지/마법 - 중급 •

	1단계	2단계	3단계
판타지	- 그레이브야드 북 - 나니아 연대기 1~7 - 밀레니얼 칠드런 - 영모가 사라졌다 - 유령부 - 늑대형제 1~2 - 푸른 하늘 저편	- 닭다리가 달린 집 - 그림자 아이들 1~7 - 무민 연작소설 1~8 - 사자왕 형제의 모험 - 초콜릿 레볼루션 - 호비트의 모험 1~2	- 그랜드 펜윅 시리즈 - 끝없는 이야기 - 미오, 나의 미오 - 어스시의 마법사 - 토비 롤네스 1~2
마법 마술	- 나는 시궁쥐였어요! - 내가 그녀석이고 그녀석이 나이고 - 사춘기 그 놈 - 숲의 수호자 와비 - 엄지 소년, 엄지 소년과 엄지 소녀 - 피터의 기묘한 몽상	- 기억을 잃은 소년 - 꼬마 백만장자 팀 탈러 1~2 - 바니의 유령 - 수호 유령이 내게로 왔어 - 스타가 되는 비밀 17가지 - 오이대왕	- 모모 - 야수의 도시, 황금용 왕국, 소인족의 숲(총 3권) - 카알손 시리즈 1~3 - 크라바트
SF 미래	- 달기지 알파 시리즈 1~3 - 색깔 전쟁 - 이덴 - 쾅! 지구에서 7만 광년 - 프랑켄슈타인 - 펜더가 우는 밤	- 로봇의 별 1~3 - 보이지 않는 바비 - 시간 밖으로 달리다 - 전갈의 아이 - 보손 게임단 - 쫓기는 아이 - 페인트	- 계단의 집 - 기억 전달자, 파랑 채집가, 메신저, 태양의 아들(총 4권) - 싱커 - 위대한 감시 학교 - 이중 인격(마거릿 피터슨 해딕스) - 메토 1~3

• 자연 - 초급 •

	1단계	2단계	3단계
의인화	- 개구리와 두꺼비 시리즈 - 내 사랑 생쥐 - 생쥐 수프 - 여우의 전화박스 - 창문닦이 삼총사 - 책 먹는 여우 시리즈 1~5 - 하얀 부엉이와 파란 생쥐	- 계단 먹는 까마귀 모티머 1~2 - 고양이 마틴의 애완용 생쥐 - 고양이 택시 - 멋진 여우 씨 - 아프리카에 간 펭귄 36마리 - 화요일의 두꺼비	- 도미니크(윌리엄 스타이그) - 미노스 - 아벨의 섬 - 여우잡이 암탉 삼총사 - 진짜 도둑
사람 중심	- 공룡 도시락 - 공룡이 학교에 나타났어요 - 말의 미소 - 멍청씨 부부 이야기 - 미라가 된 고양이 - 엘머의 모험 1~3 - 우리 소 늙다리	- 금요일에 만난 개, 프라이데이 - 동물대장 엉걸이 - 레이디 롤리팝, 말괄량이 시리즈 1~2 - 악어랑 함께 살 거야 - 안내견 탄실이 - 조금만, 조금만 더 - 제트기만큼 빠른 개 길들이기 - 파퍼 씨의 12마리 펭귄	- 나쁜 소년은 나쁘지 않다 - 노들나루의 누렁이 - 늑대의 눈 - 목걸이 열쇠 - 샤일로 - 세 발 강아지 - 아름다운 수탉
동물 중심	- 돌아온 진돗개 백구 - 떠돌이 개 - 똥개의 복수, 딱새의 복수, 애벌레의 복수 - 몽실이 - 새끼 개 - 어미 개	- 나는 개다(우봉규) - 매미, 여름 내내 무슨 일이 있었을까? - 안녕, 캐러멜! - 올드 울프 - 킬러 고양이의 일기 - 야곱, 너는 특별해!	- 걸어다니는 부엉이들 - 마지막 겨울 - 샤워하는 올빼미 - 안내견 베르나 - 우리 개의 안내견을 찾습니다 - 하늘을 나는 돼지

• 자연 - 중급 •

	1단계	2단계	3단계
의인화	- 마당을 나온 암탉 - 머피와 두칠이 - 어두운 숲 속에서, 겁 없는 생쥐, 도시의 정글, 눈밭에서 찾은 선물(총 4권) - 열혈 수탉 분투기	- 니임의 비밀 - 샬롯의 거미줄 - 스튜어트 리틀 - 외톨이 매그너스 - 펄루, 세상을 바꾸다	- 버드나무에 부는 바람 - 여우꼬리별의 전사 1~3 - 워터십 다운의 열한 마리 토끼 1~4 - 파딩 숲의 동물들 1~2
사람 중심	- 겁쟁이 - 나의 달타냥 - 내 사랑 옐러 - 내 친구 윈딕시 - 버블과 스퀵 대소동 - 악당의 무게 - 헨리와 말라깽이	- 검은 여우 - 기적의 사과 - 나의 올드 댄, 나의 리틀 앤 1~2 - 내 청춘, 시속 370km - 달려라, 모터사이클 - 원숭이의 선물	- 개미 1~5 - 뉴욕에 간 귀뚜라미 체스터 - 달려라 루디 - 아기 사슴 플랙 1~2 - 케스 – 매와 소년
동물 중심	- 그 녀석 왕집게 - 멧돼지가 기른 감나무 - 시튼 동물기 1~5 - 자존심 - 주먹곰을 지켜라 - 최후의 늑대 - 하늘로 날아간 집오리	- 개가 되고 싶지 않은 개 - 그날, 고양이가 내게로 왔다 - 까보 까보슈 - 꼬마 너구리 라스칼 - 시베리아 호랑이의 마지막 혈투 - 쫓기는 동물들의 생애 1~6 - 푸른 개 장발	- 개미제국의 발견 - 늑대개 화이트팽 - 버려진 개들의 언덕 - 야생 거위와 보낸 일 년 - 야성의 외침 - 울지 않는 늑대 - 침팬지 폴리틱스

• 모험/장애 - 초급 •

	1단계	2단계	3단계
모험 추리 운동	- 개구쟁이 에밀 이야기 1~3 - 김 배불뚝이의 모험 1~5 - 말썽꾼 해리 시리즈 - 소녀 탐정 캠 시리즈 - 에밀은 사고뭉치 - 용감한 꼬마 해적 - 웃지 않는 공주 이사벨라 - 위대한 탐정 네이트 1~2 - 이 고쳐 선생과 이빨투성이 괴물 1~2 - 재미있는 집의 리사벳 - 축구 생각	- 가출할 거야! - 그냥 한 번 해 봐! - 꼬마해적 레드렉 - 낫짱이 간다 1~2 - 내 이름은 삐삐 롱스타킹 1~3 - 만만치 않은 놈, 이대장 - 뱀파이어 유격수 - 빈둥빈둥 투닉스 왕 - 이 배는 지옥행 - 초콜릿 전쟁(마코토) - 축구왕 이채연 - 토요일의 보물찾기	- 난 뭐든지 할 수 있어 - 대장간 골목 - 두근두근 백화점/체인지 - 방학 탐구 생활 - 백전백패 루저 축구부 - 불량한 자전거 여행 1~2 - 무시무시한 고모 - 스무고개 탐정 1~12 - 칠칠단의 비밀 - 파이 스파이 - 플루토 비밀결사대 1~5 - 해리스와 나 - 할머니는 도둑
묘사 풍자 장애	- 가방 들어주는 아이 - 내 친구는 시각장애인 - 마티유의 까만색 세상 - 머빈의 달콤 쌉쌀한 복수 - 모두가 고릴라 - 아주아주 많은 달 - 악어입과 하마입이 만났을 때 - 애벌레가 애벌레를 먹어요 - 우리 아빠는 피에로	- 거짓말이 가득 - 나는 입으로 걷는다 - 내 동생 아영이 - 여우 씨 이야기 - 욕 시험 - 우리 아빠는 아무도 못 말려 - 이 세상에는 공주가 꼭 필요하다 - 종이밥 - 행복한 파스타 만들기 - 힘들어도 괜찮아	- 공주의 발 - 꼬마 바이킹 비케 1~2 - 나와 조금 다를 뿐이야 - 꼬마 니콜라 시리즈 1~5 - 내겐 드레스 백 벌이 있어 - 내 친구가 마녀래요 - 너 딱 걸렸어! - 넌 아름다운 친구야 - 벤은 나와 조금 달라요 1~3 - 앨피의 다락방 - 용과 함께

• 모험/장애 - 중급 •

	1단계	2단계	3단계
모험 추리 운동	- 나는 브라질로 간다 - 나의 산에서 1~2 - 내 이름은 망고 - 쌍둥이 루비와 가닛 - 손도끼 시리즈(게리 폴슨) - 에밀과 탐정들 - 통조림을 열지 마시오 - 켄즈케 왕국 - 할아버지의 위대한 탈출	- 구덩이 1~2 - 나는 내가 누구인지 말할 수 있었다 - 반역자의 문 1~2 - 소년 탐정 칼레 1~3 - 어둠 속의 참새들 - 우리들의 7일 전쟁 1~4 - 우리들의 여름 - 플라이, 대디, 플라이 - 하늘을 나는 교실	- 나의 라임 오렌지 나무 - 남쪽으로 튀어! 1~2 - 내 못생긴 이름에게 - 레볼루션 No. 3 - 불량엄마 납치/굴욕 사건 - 왕자와 거지 - 위풍당당 질리 홉킨스 - 이름을 훔치는 페퍼 루 - 톰 소여의 모험
묘사 풍자 장애	- 나는 백치다 - 내 이름은 에이프릴 - 도토리 사용 설명서 - 드럼, 소녀 & 위험한 파이 1~2 - 아몬드 - 안녕, 아이비 - 억만장자 소년 - 우리 누나 - 조이, 열쇠를 삼키다 1~2 - 한밤중에 개에게 일어난 의문의 사건	- 달만큼 큰 미소 - 대현동 산 1번지 아이들 - 박사가 사랑한 수식 - 스타시커 1~2 - 아름다운 아이 1~4 - 아빠, 나를 죽이지 마세요 - 제이넵의 비밀 편지 - 창가의 토토 - 토미를 위하여 - 피티 이야기	- 그 아이는 히르벨이었다 - 그리핀 선생 죽이기 - 내 안의 또 다른 나 조지 - 말더듬이 선생님 - 문제아(제리 스피넬리) - 밀양(벌레 이야기) - 스타걸(제리 스피넬리) - 우리들의 행복한 시간 - 안녕, 기요시코 - 피그보이

• 생활 - 초급 •

	1단계	2단계	3단계
친구 형제	– 김 구천구백이 – 까막눈 삼디기 – 내 짝꿍 최영대 – 동생(조은) – 딱지, 딱지, 코딱지 – 똥줌오줌 – 마법사 똥맨 – 미니 미니 시리즈(뇌스틀링거) – 말해 버릴까? – 병만이와 동만이 그리고 만만이 시리즈 1~15 – 주근깨 주스 – 프란츠 이야기 시리즈 1~12	– 깡딱지 – 뚱뚱해도 넌 내 친구야 – 몰래 시리즈 – 세 친구 요켈과 율라와 예리코 – 양파의 왕따 일기 1~2 – 오기 쿠더 시리즈 1~2 – 우리 반 욕 킬러 – 월화수목 그리고 돈요일 – 잠옷 파티 – 잘못 뽑은 반장 1~2 – 초대받은 아이들 – 힐러리 매케이의 찰리 시리즈	– 굿바이 마이 프렌드(오리하라 미토) – 나쁜 말 팔아요 – 마코토의 푸른 하늘 – 도와줘, 제발 – 무서운 학교 무서운 아이들 – 부숭이는 힘이 세다 – 사라진 세 악동 – 이솝(아오키 가즈오) – 퍼시의 마법 운동화 – 천사가 된 비키 – 첫사랑(이금이) – 헨리와 자전거
부모 교사 어른	– 나, 이사 갈 거야 – 나는 싸기 대장의 형님 – 나쁜 어린이 표 – 리지 입은 지퍼 입 – 벌렁코 하영이 – 아빠 팔이 부러졌어요! – 아빠가 빈털터리가 됐어요 – 엄마는 거짓말쟁이 – 최기봉을 찾아라!	– 진짜가 된 가짜 – 그림 도둑 준모 – 내 가슴에 해마가 산다 – 갑자기 생긴 동생(넌 누구야?) – 들키고 싶은 비밀 – 멋진 녀석들 – 밤티마을 1~3 – 아빠, 업어줘 – 욕 전쟁 – 프린들 주세요	– 모양순 할매 쫓아내기 – 너는 닥스 선생님이 싫으냐? – 하이타니 겐지로의 시골 이야기 1~5 – 고민의 방, 우리 반 인터넷 사이트 – 우리의 챔피언 대니 – 엄마의 마흔 번째 생일 – 장건우한테 미안합니다 – 전교 모범생 – 조커, 학교 가기 싫을 때 쓰는 카드 – 옛날처럼 살아 봤어요

• 생활 - 중급 •

	1단계	2단계	3단계
친구 형제	– 13살 토니의 비밀 – 너도 하늘말나리야, 소희의 방, 숨은 길 찾기 – 마디타 시리즈 1~2 – 머시 수아레스, 기어를 바꾸다 – 로봇 소년, 날다 – 비밀의 숲 테라비시아 – 새로운 엘리엇 – 안녕하세요, 하느님? 저 마거릿이에요 – 인디고의 별 – 죽은 개는 이제 그만! – 트루먼 스쿨 악플 사건 – 해바라기 카짱 – 형, 내 일기 읽고 있어? – 휘파람 반장	– 가시고백 – 그래도 학교 – 까칠한 재석이 1~4 – 리바운드 – 안녕, 우주 – 오즈의 의류수거함 – 링어, 목을 비트는 아이 – 밤을 들려줘 – 봄이 오면 가께 – 불량소년, 날다 – 불량 청춘 카짱 – 비트 키즈 1~2 – 어느 날 미란다에게 생긴 일 – 우아한 거짓말 – 울지 마, 지로 1~2 – 친구가 되기 5분 전 – 클릭, 에린의 비밀 블로그	– 그 여름의 끝 – 기필코 서바이벌! – 두 친구 이야기 – 몽키맨 시리즈 1~2 – 썸머썸머 베케이션 – 이치고 동맹 – 주니어 브라운의 행성 – 직녀의 일기장 – 청동 해바라기 – 초콜릿 전쟁(로버트 코마이어) – 탠저린 – 하늘의 눈동자 1~2 – 허구의 삶
부모 교사 어른	– 나쁜 학생은 없다 – 내가 나인 것 – 니 부모 얼굴이 보고 싶다 – 로봇 소년, 학교에 가다 – 루비 홀러 – 불량소년의 꿈 – 마지막 재즈 콘서트 – 시간의 선물 – 아무 일도 없었던 것처럼(루스 화이트) – 여름방학 불청객(뒤바뀐 교환학생) – 완벽한 가족 – 우리들의 일그러진 영웅 – 해피 버스데이	– 가족표류기 – 그러니까 당신도 살아 – 나를 돌려줘 – 반짝이는 박수소리 – 스쿼시 – 싸움의 달인 – 아우를 위하여 – 악마의 농구 코트 – 열네 살의 인턴십 – 열일곱 살의 털 – 완득이 – 평범한 열두 살은 없다	– 나는 선생님이 좋아요 – 모래밭 아이들 – 소녀의 마음 – 아빠는 우주 최강 울보쟁이 – 엄청나게 시끄러운 폴레케 – 열아홉의 프리킥 – 열여섯의 섬 – 우상의 눈물 – 원미동 사람들 – 호랑이의 눈

• 옛이야기 등 •

1단계	2단계	3단계
그림책 – 존 버닝햄 – 윌리엄 스타이그 – 앤서니 브라운 – 레오 리오니 등 **웅진 옛이야기(3권)** – 구렁덩덩 신선비 – 도둑나라를 친 새신랑 – 폭풍마왕과 이빈왕자 **사계절 옛이야기(5권)** – 세상이 생겨난 이야기 – 별난 재주꾼 이야기 – 재치가 배꼽 잡는 이야기 – 가슴 뭉클한 옛날 이야기 – 어찌하여 그리 된 이야기 **기타** – 빗방울 목걸이	**보리 옛이야기(10권)** – 두꺼비 신랑 – 꽁지 닷 발 주둥이 닷 발 – 메주 도사 – 호랑이 잡는 기왓장 – 나귀 방귀 등 **창비 옛이야기** – 삼신 할머니와 아이들 – 염라대왕을 잡아라 – 아버지를 찾아서 – 모여라 꾸러기 신들 **한겨레 옛이야기** – 박씨 부인 – 꾀보 막동이 – 숙향전 – 김덕령	**산하 옛이야기** – 하녀가 낳은 왕자 – 칼라푸 왕자와 투란도트 공주 **창비 옛이야기** – 이반 왕자와 불새 – 어여쁜 바실리사 – 누가 진짜 왕일까요 – 사람은 무엇으로 사는가 **창비 고전** – 옹고집전 – 심청전 – 흥부전 – 토끼전 – 춘향전 **기타** – 난쟁이 무크 – 떠돌이 왕의 전설

• 사회/역사 - 중급 •

	1단계	2단계	3단계
사회	- 괭이부리말 아이들 - 까모 시리즈 1~4 - 딩딩과 당당 시리즈 - 말해 봐(로리 할스 앤더슨) - 모두 깜언 - 문제아(박기범) - 바다의 노래 - 오르간 뮤직 - 유진과 유진 - 커피우유와 소보로빵 - 티모시의 유산	- 거리의 아이들(다마리스 코프멜) - 기적의 시간 - 나는 사고 싶지 않을 권리가 있다 - 모여라 유랑인형극단 - 블랙 샤크 - 소년, 세상을 만나다 - 손수레 전쟁 - 스피릿베어 1~2 - 요헨의 선택 - 일단, 질러! - 집으로 가는 길 - 파도	- 비뚤어질 테다 - 거리의 아이들(치 쳉 후앙) - 나, 단테, 그리고 백만 달러 - 난 잡히지 않겠다 - 내 우산 같이 쓸래? - 노란 집의 모팻 가족 - 빨간 기와 1~3 - 생사불명 야샤르 - 아빠, 찰리가 그러는데요 1~2 - 위험한 하늘 - 태양의 아이 - 희망의 불꽃 - 허삼관 매혈기
역사	- 기찻길 옆 동네 - 나무소녀 - 나는 바람이다 1~11 - 레닌그라드의 기적 - 리언 이야기 - 마녀 사냥(레이 에스페르 안데르센) - 마사코의 질문 - 바람의 아이 - 아, 발해 - 책과 노니는 집	- 검정새 연못의 마녀 - 그때 프리드리히가 있었다 - 란란의 아름다운 날 - 모랫말 아이들 - 모스 가족의 용기 있는 선택 - 붉은 스카프 - 아버지의 남포등 - 야시골 미륵이 - 푸른 늑대의 파수꾼	- 거기, 내가 가면 안 돼요? - 나의 삼촌 브루스 리 1~2 - 내 영혼이 따뜻했던 날들 - 몽실 언니 - 별을 헤아리며 - 빵과 장미 - 슬픈 나막신 - 연을 쫓는 아이 - 왕의 그림자 - 우나우벤으로 가는 편지 - 초가집이 있던 마을

내 아이가 책을 좋아할 수만 있다면

지은이 | 유영호
펴낸곳 | 북포스
펴낸이 | 방현철
편집자 | 권병두
디자인 | 엔드디자인

1판 1쇄 찍은날 | 2020년 10월 16일
1판 1쇄 펴낸날 | 2020년 10월 23일

출판등록 | 2004년 2월 3일 제313-00026호
주소 | 서울시 영등포구 양평동5가 18 우림라이온스밸리 B동 512호
전화 | (02)337-9888
팩스 | (02)337-6665
전자우편 | bhcbang@hanmail.net

이 도서의 국립중앙도서관 출판시도서목록(CIP)은 e-CIP 홈페이지(http://www.nl.go.kr/ecip)와 국가자료공동목록시스템(http://www.nl.go.kr/kolisnet)에서 이용하실 수 있습니다.
(CIP제어번호 : 2020038819)

ISBN 979-11-5815-064-8 03590
값 15,000원

이 도서는 한국출판문화산업진흥원의 '2020년 출판콘텐츠 창작 지원 사업'의 일환으로 국민체육진흥기금을 지원받아 제작되었습니다.